Ali Akbar Ameri
Ali A. Jafari

Plantas medicinais da região de Maneh e Semelghan no Khorasan do Norte, Irão

Ali Akbar Ameri
Ali A. Jafari

Plantas medicinais da região de Maneh e Semelghan no Khorasan do Norte, Irão

ScienciaScripts

This book is a translation from the original published under ISBN 978-620-2-02456-3.

Publisher:
Sciencia Scripts
is a trademark of
Dodo Books Indian Ocean Ltd. and OmniScriptum S.R.L publishing group

120 High Road, East Finchley, London, N2 9ED, United Kingdom
Str. Armeneasca 28/1, office 1, Chisinau MD-2012, Republic of Moldova, Europe
Printed at: see last page
ISBN: 978-620-7-79380-8

Introdução

A identificação da vegetação de qualquer região é importante para a realização de outras investigações puras e aplicadas no domínio da ecologia. Em particular, a província de Khorasan do Norte é um habitat especial para estudos florísticos devido às suas condições ecológicas e climáticas únicas. Uma grande parte da região de Maneh-Semelghan é constituída por pastagens. As populações desta zona são altamente dependentes das pastagens; utilizam as plantas das pastagens como fonte de alimentação, medicamentos, gado, etc. Por conseguinte, a compilação de uma lista florística de plantas medicinais desta região é benéfica para a proteção de plantas ameaçadas e para o planeamento da utilização sustentável de plantas medicinais (Jankjoo *et al.*, 2011, Jankjoo *et al.*, 2009). Além disso, muitas espécies de plantas medicinais na região estão ameaçadas de extinção devido a várias razões e é necessário identificá-las e protegê-las (Jalili e Jamzad, 1999). Várias referências, por exemplo, Rechinger (1967-2010); Boissier (1867-1888); Assadi *et al.* (1988-2011), fornecem informações valiosas sobre as plantas indígenas e exóticas da província de Khorasan do Norte. Por outro lado, foram efectuados vários estudos sobre a flora da província de Khorasan do Norte (por exemplo, Shaad e Sanjari 2001; Aydani 2004; Sobhani *et al.*, 2007). Akhani (2005) estudou a flora de (Sobhani e Rajamand, 2007), Cupressaceae (Sadeghalnejat 2007) e o género *Bromus* L. (florestas de zimbro perenes, florestas caducifólias de carvalho, espinheiro e pistácio e áreas protegidas em Golestan e Darkesh são recursos importantes e reservas valiosas de plantas medicinais e pastagens em Maneh-Semelghan. Como as pessoas estão familiarizadas com as plantas medicinais, muitas destas plantas são conhecidas por nomes locais e são amplamente utilizadas na medicina tradicional. O distrito tem uma grande diversidade de plantas medicinais, pelo que são conhecidas cerca de 79 espécies de plantas medicinais na região de Darkesh, em Maneh-Semelghan (Aydani, M., 2004), pelo que a falta de informação exaustiva sobre as plantas medicinais de Maneh-Semelghan foi a razão mais importante para esta investigação. O principal objetivo era fazer um levantamento da flora e identificar os principais fenótipos e corótipos de plantas medicinais na região de Maneh-Semelghan. Os resultados deste estudo podem também ser utilizados por investigadores aplicados e peritos em recursos naturais, por exemplo, para a gestão e conservação de pastagens.

Materiais e métodos

O distrito de Maneh-Semelghan, com uma área de 6053 quilómetros quadrados, centrado na cidade de Ashkhaneh, no noroeste da província de Khorasan do Norte, situa-se entre 37° 17' e 38° 7' de latitude norte e 55° 59' e 57° 17' de longitude leste. O distrito partilha uma fronteira de 8 km com o Turquemenistão e faz fronteira com os distritos de Raz e Jargalan a norte, com a província de Golestan (distritos de Kalaleh e Maraveh tappe) a oeste, com os distritos de Jajarm e Garmeh a sul e com o distrito de Bojnoord a leste (Fig. 1), (Anónimo , 2010).

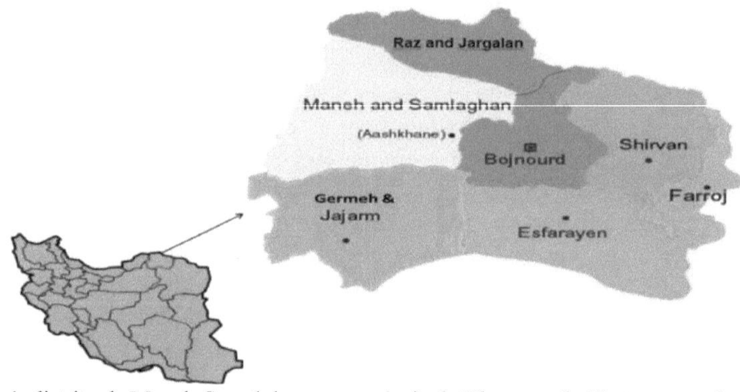

Fig. 1, distrito de Maneh-Semelghan na província de Khorasan do Norte, no nordeste do Irão,

O condado de Maneh-Semelghan apresenta grandes variações meteorológicas devido à altitude e à topografia, aos rios e às planícies, apresentando geralmente um clima montanhoso, temperado e semi-árido. A humidade relativa no distrito é baixa e aumenta de leste para oeste. A temperatura máxima absoluta é de 40° em julho e agosto (os meses mais quentes), a temperatura mínima absoluta é de -18° em janeiro (o mês mais frio), e a precipitação média anual é de 252 mm. Tendo em conta o facto de as diferentes partes da região de Maneh-Semelghan apresentarem diferenças climáticas e divergirem em termos de fenologia e época de floração, foram elaborados calendários de autorização para diferentes partes da região. Em seguida, foram recolhidas as plantas medicinais da região. As amostras foram transferidas para o herbário e classificadas utilizando diferentes floras, como a Iran Flora (Asadi, *et al.* 1988-2011), a Iranica Flora (Rechinger, 1967-2010), a Iranica Flora (Parsa, 1986), a Flora do Irão (Mobayen, 19981999), a Coloured Flora of Iran (Ghahreman, 1975-2000, Ghahreman, A.1994). A fim de obter informações sobre as partes funcionais e outras questões, foram também utilizadas algumas fontes (Ghahreman e Attar, 1998; Ghahreman *et al*, 2006, Akhani, 1998; Akhani, 2003; Mirheydar, 1996-1998; Zargari, 1990; Mozaffarian, 1994, Mozaffarian, 2004). As partes das espécies utilizadas foram derivadas de várias fontes, como o conhecimento local e, especialmente, da Identificação de Plantas Medicinais e Aromáticas do Irão (Mozaffarian, 2013). Desta forma, o estado de distribuição destas espécies foi determinado de acordo com esta flora. A forma de vida foi determinada de acordo com o critério de Raunckiaer (1934).

Resultados

Com base nos resultados da investigação, foi identificado um total de 123 espécies de plantas medicinais pertencentes a 32 famílias. Os pormenores das espécies identificadas, tais como o nome científico, o nome da família, a forma de vida, o corótipo e as partes utilizadas, são apresentados

no Quadro 1.

Quadro 1, Lista de plantas medicinais nas pastagens de Maneh-Semelghan

Símbolos e abreviaturas utilizados no quadro:
Forma de vida: Ch =Chamaephyt, Ge =Geophyte, He =Hemicryptophyte, Ph =Waisenophyte, Th =Therophyte.
Tipo de coro: Cosm = Cosmopolita, ES = Euro-Siberiano, IT = Iraniano-Turaniano, M = Mediterrânico, PL = Pluri-regional, SCosm = Subcosmopolita.

Row	Scientific name	Family	Life form	Chorotype	Applied parts
1	*Achillea biebersteinii* Afan	Asteraceae	He	IT,ES	Flowering top branch, Leaf, Root
2	*Achillea eriophora* DC.	Asteraceae	He	IT,ES	Flowering top branch, Leaf, Root
3	*Achillea millefolium* L.	Asteraceae	He	IT,ES	Flowering top branch, Leaf, Root
4	*Achillea pachycephala* Rech. f.	Asteraceae	He	IT,ES	Flowering top branch, Leaf, Root

Row	Scientific name	Family	Life form	Chorotype	Applied parts
5	*Agrimonia eupatoria* L.	Rosaceae	He	IT, ES, M	Leaf, Flower
6	*Agropyron repens* (L.) P.Beauv.	Poaceae	He	IT	Aerial organs, Shoot, Seed
7	*Alcea rosea* L.	Malvaceae	He	IT	Leaf, Flower, Root
8	*Alliaria petiolata* (M.Bieb.) Cavara & Grande	Brassicaceae	Ch	IT,M	All organs
9	*Althaea officinalis* L.	Malvaceae	He	IT	Leaf, Flower, Root
10	*Alhagi camelorum* Fisch.	Fabaceae	Ch	IT	Leaf, Gum on shoot
11	*Alyssum desertorum* Stapf	Brassicaceae	He	Cosm	Seed
12	*Amaranthus cruentus* L.	Amaranthaceae	Th	Pl	Aerial organs, Seed
13	*Amaranthus retroflexus* L.	Amaranthaceae	Th	Pl	Aerial organs, Seed
14	*Ammi majus* L.	Apiaceae	He	IT, M	Seed
15	*Amygdalus scoparia* Spach.	Rosaceae	Ph	IT	Seed
16	*Anchusa italica* Retz.	Boraginaceae	Th	IT, ES	inflorescence
17	*Apium graveolens* L.	Apiaceae	He	IT	Leaf, Root, Seed
18	*Artemisia biennis* Wild.	Asteraceae	Ch	IT	Inflorescence, Leaf
19	*Artemisia absinthium* L.	Asteraceae	Ch	IT, M	Inflorescence, Leaf
20	*Artemisia annua* L.	Asteraceae	Th	IT, M	Leaf, Stem
21	*Artemisia scoparia* Waldst. & Kit.	Asteraceae	He	IT, ES, M	Inflorescence, Leaf
22	*Artemisia vulgaris* L.	Asteraceae	Ch	IT	Inflorescence, Leaf, Root
23	*Berberis integerrima* Bunge	Berberidaceae	Ph	IT	Root, Leaf, Fruit
24	*Berberis khorasanica*	Berberidaceae	Ph	IT	Root, Leaf, Fruit

Row	Scientific name	Family	Life form	Chorotype	Applied parts
25	*Bunium cylindericum* (Boiss. & Hausskn.) Drude.	Apiaceae	Th	IT	Fruit
26	*Bupleurum exaltatum* M.B.	Apiaceae	He	IT, M	Leaf, Seed
27	*Bupleurum falcatum* L.	Apiaceae	He	IT, M	Leaf, Seed
28	*Bupleurum rotundifolium* L.	Apiaceae	He	IT, M	Leaf, Seed
29	*Caparis spinosa* L.	Capparidaceae	Ph	IT,ES, M	Flower, Root, Leaf, Fruit
30	*Capsella bursa-pastoris* (L.) Medicus	Brassicaceae	Th	Cosm	All organs
31	*Cardaria draba* (L.) Desv.	Brassicaceae	He	M	Leaf, Seed
32	*Centaurea behen* L.	Asteraceae	He	IT	Root
33	*Cercis siliquastrum* L.	Fabaceae	He	IT	Leaf, Hull
34	*Chenopodium vulvaria* L.	Chenopodiaceae	Th	Cosm	Aerial organs
35	*Cichorium intybus* L.	Asteraceae	He	IT, ES, M	Leaf, Root
36	*Cirsium arvense* (L.) Scop.	Asteraceae	He	IT	Root
37	*Cnicus benedictus* L.	Asteraceae	He	IT	Flowering top branch
38	*Colchicum persicum* Baker	Colchicaceae	Ge	IT	Bulb
39	*Colutea arborescens* L.	Fabaceae	Ph	IT	Leaf, Pod
40	*Conium maculatum* L.	Apiaceae	He	Pl	Fruit, Leaf
41	*Crataegus atrosanguinea* Pojark.	Rosaceae	Ph	IT	Flower, Fruit
42	*Crataegus azarolus* L.	Rosaceae	Ph	IT	Flower, Fruit
43	*Crataegus melanocarpa* M.Bieb.	Rosaceae	Ph	IT	Flower, Fruit
44	*Crataegus microphylla* K.Koch	Rosaceae	Ph	IT	Flower, Fruit

Row	Scientific name	Family	Life form	Chorotype	Applied parts
45	*Crataegus pseudohetrophylla* Pojark.	Rosaceae	Ph	IT	Flower, Fruit
46	*Cyperus longus* L.	Cyperaceae	Ge	IT, M	Rhizome, Root
47	*Cyperus rotundus* L.	Cyperaceae	Ge	IT, M	Rhizome, Root
48	*Daucus broteri Ten.*	Apiaceae	Th	IT,ES,M	Leaf, Seed, Root
49	*Descurainia Sophia* (L.) Webb& Berth.	Brassicaceae	Th	IT	Flower, Leaf, Seed
50	*Dipsacus laciniatus* L.	Dipsaceaa	He	IT	Root
51	*Dorema ammoniacum* D. Don	Apiaceae	He	IT	Root, Shoot
52	*Echinophora platyloba* DC.	Apiaceae	He	IT	Leaf, Flower
53	*Echinops ritrodes* Bunge	Asteraceae	He	IT	All organs
54	*Echinops robustus* Bunge	Asteraceae	He	IT	All organs
55	*Epilobium hirsutum* L.	Onagraceae	Ge	Pl	Leaf, Stem
56	*Eremurus spectabilis* M. Bieb.	Asphodelaceae	He	IT	Aerial organs,Root
57	*Erodium cicutarium* (L.) L'Hér. ex Aiton	Geraniaceae	Th	IT, ES,M	All organs
58	*Eryngium bornumlleri* Nab.	Apiaceae	He	IT	Aerial organs
59	*Eryngium caeruleum* M. B.	Apiaceae	He	IT	Aerial organs
60	*Ferula gummosa* Boiss.	Apiaceae	He	IT	Root
61	*Fritillaria imperialis* L.	Liliaceae	Ge	IT	Bulb
62	*Fumaria vaillantii* Loisel.	Fumariaceae	Th	Cosm	All organs
63	*Galium aparine* L.	Rubiaceae	Th	IT, ES	Aerial organs
64	*Galium verum* L.	Rubiaceae	He	IT, M	inflorescence

Row	Scientific name	Family	Life form	Chorotype	Applied parts
65	*Geranium robertianum* L.	Geraniaceae	Th	IT, ES,M	Aerial organs
66	*Glycyrrhiza glabra* L.	Fabaceae	He	IT, ES,M	Root
67	*Goldbachia laevigata* (M. Bieb.) DC.	Brassicaceae	Th	IT, M	Aerial organs
68	*Gundelia tournefortii* L.	Asteraceae	He	IT, M	Aerial organs
69	*Gypsophila bicolor* (Freyn. & Sint.) Grossh.	Caryophyllaceae	He	IT	Aerial organs
70	*Hibiscus trionum* L.	Malvaceae	Th	IT	Leaf, Flower, Root
71	*Hymenocrater platystegius* Rech. F.	Lamiaceae	He	IT	Leaf, Fruit
72	*Hyoscyamus niger* L.	Solanaceae	He	IT	Leaf, Seed
73	*Hypericum perforatum* L.	Hypericaceae	He	IT, M	Inflorescence, Leaf
74	*Inula salicina* L.	Asteraceae	Ge	IT, ES, M	Root
75	*Lathyrus aphaca* L.	Fabaceae	Th	IT, M	Mature Seed
76	*Leonurus cardiaca* L.	Lamiaceae	Th	IT	Aerial organs
77	*Lithospermum officinale* L.	Boraginaceae	Th	IT	Aerial organs, Seed
78	*Lycopus europaeus* L.	Lamiaceae	Th	IT	Leaf
79	*Malus orientalis* Uglitzk.	Rosaceae	Ph	IT	Fruit
80	*Malva neglecta* Wallr.	Malvaceae	Th	IT, ES	Leaf, Flower, Seed
81	*Mespilus germanica* L.	Rosaceae	Ph	IT	Fruit, Leaf
82	*Muscari neglectum* Guss.	Liliaceae	Ge	IT, ES, M	Bulb
83	*Myrtus communis* L.	Myrtaceae	Th	IT	All organs

Row	Scientific name	Family	Life form	Chorotype	Applied parts
84	*Nepeta cataria* L.	Lamiaceae	He	IT, ES, M	inflorescence
85	*Nepeta glomerulosa* Boiss.	Lamiaceae	He	IT	All organs
86	*Ononis spinosa* L.	Fabaceae	Ch	IT	Root, Leaf, Flower
87	*Paliurus spina-christi* Miller	Rhamnaceae	Ph	IT, ES, M	Fruit
88	*Perovskia abrotanoides* Karel.	Lamiaceae	Ch	IT	inflorescence
89	*Phlomis anisodonta* Boiss. ·	Lamiaceae	He	IT	Aerial organs
90	*Plantago lanceolata* L.	Plantaginaceae	He	IT, M	Seed
91	*Plantago major* L.	Plantaginaceae	He	SCosm	Seed
92	*Prunus spinosa* L.	Rosaceae	Ph	IT, ES	Froot, Flower, Leaf
93	*Pulicaria dysenterica* (L.) Gaertn.	Asteraceae	He	IT, ES, M	All organs
94	*Rosa persica* Michx. Ex Juss.	Rosaceae	Ch	IT	Froot, Flower, Leaf
95	*Rumex acetosa* L.	Polygonaceae	Th	IT	young leaves, Stem
96	*Rumex obtusifolius* L.	Polygonaceae	Th	IT	Root
97	*Salsola kali* L.	Chenopodiaceae	Th	IT	Aerial organs
98	*Salvia aethiopis* L.	Lamiaceae	He	IT	Leaf, Flower
99	*Salvia chorassanica* Bunge	Lamiaceae	He	IT	Leaf, Flower
100	*Salvia macrosiphon* Boiss.	Lamiaceae	He	IT	Leaf, Flower

Row	Scientific name	Family	Life form	Chorotype	Applied parts
101	*Salvia nemurosa* L.	Lamiaceae	He	IT	Aerial organs
102	*Salvia sclarea* L.	Lamiaceae	He	IT, M	Leaf, Flower
103	*Salvia spinosa* L.	Lamiaceae	He	IT	Aerial organs
104	*Sanguisorba minor* Scop.	Rosaceae	He	IT, ES, M	Aerial organs
105	*Satureja mutica* Fisch. et C.A. Mey.	Lamiaceae	Ch	IT	Aerial organs
106	*Scirpus maritimus* L.	Cyperaceae	Ge	IT, M	Root
107	*Scutellaria pinnatifida* A. Hamilt.	Lamiaceae	Ch	IT	Aerial organs
108	*Serratula arvensis* L.	Asteraceae	He	IT	Flower
109	*Silene conoidea* L.	Caryophyllaceae	He	IT, ES	Aerial organs
110	*Sinapis arvensis* L.	Brassicaceae	Th	IT	Seed
111	*Sisymbrium altissimum* L.	Brassicaceae	Th	IT, ES, M	Leaf, Flower
112	*Solanum nigrum* L.	Solanaceae	Th	Cosm	Root, Leaf, Flower, Fruit
113	*Sorghum halepense* (L.) Pers.	Poaceae	Ge	Cosm	Seed
114	*Stachys lavandulifolia* vahl	Lamiaceae	Ge	IT	Aerial organs
115	*Thymus kotschyanus* Boiss. & Hohen	Lamiaceae	Ch	IT	Aerial organs
116	*Tulipa michelina*	Liliaceae	Ge	IT	Bulb
117	*Tulipa wilsoniana* Hoog	Liliaceae	Ge	IT	Bulb
118	*Vaccaria grandiflora* (Fisch, ex DC.) Jaub. & Spach	Caryophyllaceae	He	IT, M	Aerial organs, Root
119	*Verbascum songaricum* Scherenk ex Fisch. & C. A. Mey.	Scrophulariaceae	He	IT, ES	Flower, Leaf

Row	Scientific name	Family	Life form	Chorotype	Applied parts
120	*Viscum album* L.	Loranthaceae	Th	IT	Leaf, Fruit
121	*Xanthium spinosum* L.	Asteraceae	Th	IT, M	Aerial organs
122	*Ziziphora clinopodioides* Lam.	Lamiaceae	Ch	IT	Aerial organs
123	*Zygophyllum fabago* L.	Zygophyllaceae	Th	IT	Leaf, Root

A família Asteraceae foi a que registou o maior número de espécies, com 20 espécies de plantas medicinais. Seguiu-se a família Lamiaceae, com 18 espécies de plantas medicinais, que registou o maior número de espécies. Seguiram-se as famílias Rosaceae e Apiaceae com 12 e 13 espécies, respetivamente (Fig. 2).

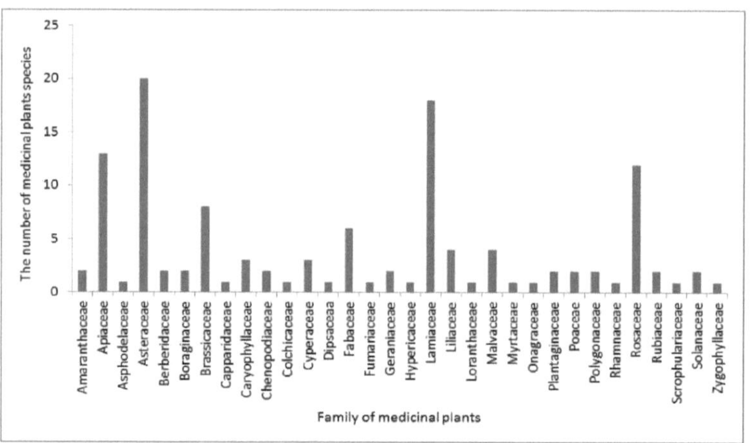

Fig. 2: Número de espécies vegetais nas famílias da flora de plantas medicinais nas pastagens de Maneh-Semelghan

Entre as 32 famílias de plantas encontradas na região de Maneh-Semelghan, Asteraceae e Lamiaceae foram as mais abundantes. Estas famílias representaram 16 % e 15 % das espécies, respetivamente. Outras famílias foram Apiaceae, Rosaceae,

Brassicaceae, Fabaceae, Malvaceae e Liliaceae continham 11 %, 10 %, 7 %, 5 %, 3 % e 3 % de espécies, respetivamente (Fig. 3).

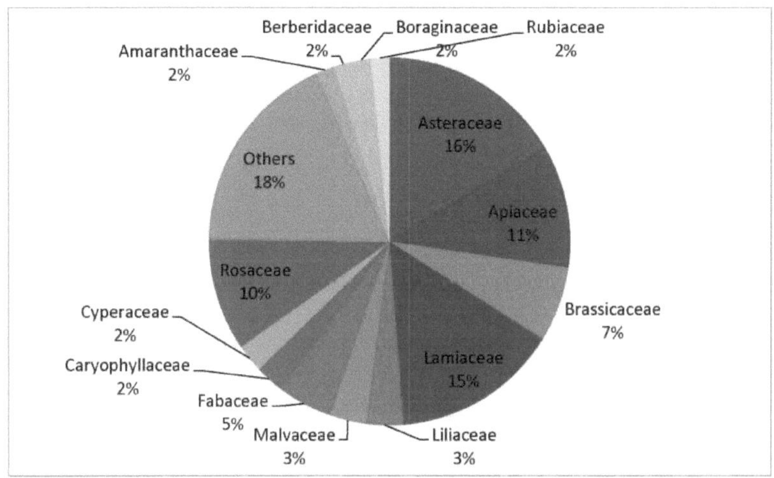

Fig. 3.   Proporção de famílias de plantas na flora de plantas medicinais nas pastagens de Maneh-Semelghan

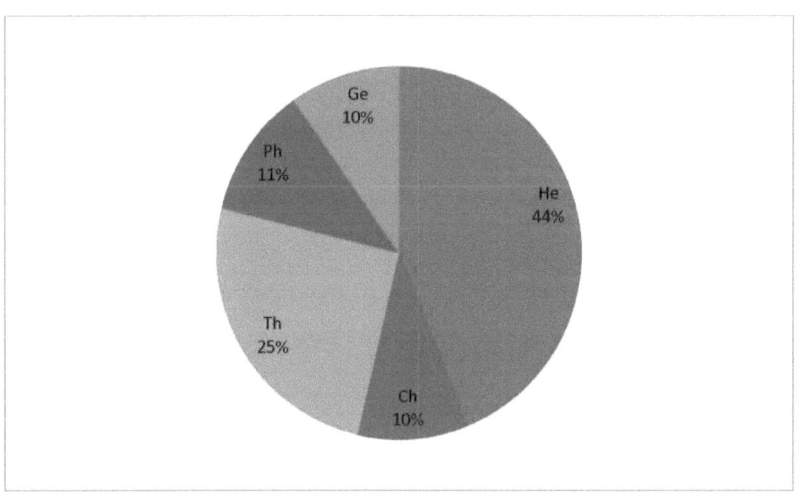

Fig. 4. Formas de vida das plantas e sua contribuição percentual relativa para a flora de plantas medicinais nos prados de Maneh-Semelghan (Ch =Chamaephyt, Ge =Geophyte, He =Hemicryptophyte, Ph =Waisenophyte, Th =Therophyte). A

classificação das plantas com base nas formas de vida de Raunkiaer mostra que os hemicriptófitos são as espécies mais comuns (44 % do total de espécies) na flora de plantas medicinais da região de Maneh-Semelghan. As outras formas de vida são os terófitos e os fanerófitos,

Fig. 5. As caméfitas e os geófitos representaram 25, 11, 10 e 10% do total das

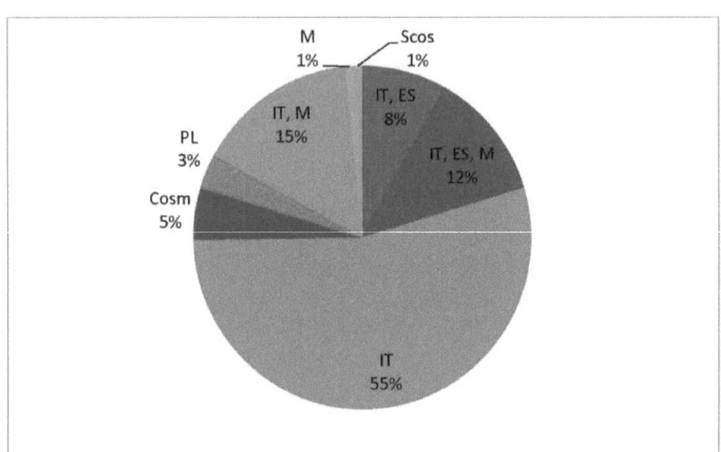

espécies vegetais, respetivamente (Fig. 4).

Foram comparados o corótipo e o fenótipo de cada espécie vegetal. Cerca de 55 % de todas as espécies de plantas da região de Maneh-Semelghan pertenciam ao corótipo irano-turaniano, enquanto os corótipos irano-turaniano-mediterrânico e irano-turaniano-mediterrânico-euro-siberiano representavam 15 % e 12 % das espécies, respetivamente. As espécies vegetais irano-turanianas-euro-siberianas, cosmopolitas e pluri-regionais representaram 8, 5 e 3 por cento de todas as espécies vegetais, respetivamente. Menos de 2 % do total de espécies vegetais pertenciam a outros corótipos, como o mediterrânico e o subcomopolita (Fig. 5).

Fig. 6. Corótipos de plantas e sua contribuição relativa para a flora de plantas medicinais nos prados de Maneh-Semelghan (Cosm = Cosmopolita, ES = Euro-Siberiano, IT = Irano-Turaniano, M = Mediterrânico, PL = Pluri-regional, Scosm = Subcosmopolita).

Utilização tradicional das plantas medicinais de Maneh e Semelghan

Esta secção foi compilada com base nas experiências dos povos indígenas e em fontes locais. Considerando que algumas destas utilizações não foram documentadas por investigação científica, estas recomendações devem ser utilizadas com precaução.

As plantas desta lista estão ordenadas de acordo com os números do quadro 1.

1- *Achillea biebersteinii* Afan

Algumas espécies de Achillea, como a Achillea biebersteinii, são utilizadas na medicina popular para vários fins, como hemorróidas e cicatrização de feridas. Os chás de ervas preparados a partir de algumas espécies de Achillea são frequentemente utilizados na medicina popular como diurético, para dores abdominais, contra a diarreia, flatulência e como emenagogo, bem como para a cicatrização de feridas.

2- *Achillea eriophora* DC.
Asteraceae

Era utilizada pelos povos indígenas de Maneh e Semelghan como contracetivo, abortivo e emenagogo. Algumas destas utilizações tradicionais e populares foram avaliadas, mostrando o potencial uso medicinal da planta.

3- *Achillea millefolium* L.
Asteraceae

As utilizações médicas deste tipo são como descongestionante, para curar distúrbios menstruais, para tratar lesões sanguíneas, para aumentar o volume de urina, como antídoto, para febre, coágulos sanguíneos, hemorragias nasais, para hemorróidas, para curar hemorragias, para tratar insónias, para tratar dores nos ovários, para curar dores uterinas, como estimulante, como diaforético, como tónico e tonificante, como laxante, como regulador menstrual, para tratar sangue na urina, para tratar músculos abdominais inchados e para terapia da histeria.

4- *Achillea pachycephala* Rech. f.
Asteraceae

Era utilizada pelos nativos de Maneh e Semelghan como excreção de pedras nos rins, tratamento da gripe, cura de fissuras anais, tratamento da epilepsia, bílis, antiespasmódico, antibacteriano, antipirético, analgésico, desinfeção das vias urinárias, antiflatulência, anti-vómitos, antiviral, de neurastenia, tratamento de insuficiência cardíaca, adstringente, medicamento menstrual, cura de cólicas espasmódicas, cólicas hepáticas e cólicas renais.

5- *Agrimonia eupatoria* L.
Rosaceae

Tratamento da diarreia e da diarreia com sangue, cólicas renais, cálculos renais, albuminúria (albumina presente no sangue), diabetes, doenças do fígado, obesidade, asma, retractor da mucosa e da mucosa faríngea, adstringente, aumento do volume de urina, anti-inflamatório, coágulos sanguíneos, estimulante digestivo, adstringente, calmante menstrual, contra vermes do cólon, contra flatulência, tratamento de reumatismo, sangue na urina, tratamento de pedras nos rins, inchaço da boca, cura de rouquidão, cura de corrimento feminino, incontinência urinária em crianças, melhoria de feridas de retirada.

6- *Agropyron repens* (L.) P.Beauv.

Cura de feridas, cura de problemas urinários, cura de obstipação do fígado, cura de obstipação da vesícula biliar, cura de cálculos urinários, tratamento de dores abdominais, cura de vómitos, tratamento de reumatismo, tratamento de gota, tratamento de iterícia.

7- *Alcea rosea* L.
Malvaceae

As flores são depurativas, diuréticas e emolientes. São úteis no tratamento das afecções do peito e utiliza-se uma decocção para melhorar a circulação sanguínea, tratar a obstipação, a dismenorreia, as hemorragias, etc. As flores são colhidas quando estão abertas e secas para utilização posterior. Os rebentos são utilizados para aliviar as dores de parto fortes. A raiz é adstringente e descongestionante. É esmagada e aplicada como cataplasma em úlceras. É utilizada internamente para tratar a disenteria. As raízes e as flores são utilizadas para a inflamação dos rins e do útero, bem como para o corrimento vaginal e púbico; as raízes isoladas para a perda de apetite. As sementes são depurativas, diuréticas e antipiréticas.

8- *Alliaria petiolata* (M.Bieb.) Cavara & GrandeBrassicaceae

As folhas e os caules são antiasmáticos, antiescorbúticos, anti-sépticos, descongestionantes, diaforéticos, vermífugos e vulnerários. As folhas têm sido tomadas internamente para promover a transpiração e tratar bronquite, asma e eczema. Externamente, são utilizadas como cataplasma anti-sético em úlceras, etc. e aliviam a comichão causada por mordeduras e picadas. As folhas e os caules são colhidos antes da floração e podem ser secos para utilização posterior. As raízes são finamente picadas e aquecidas em óleo para fazer uma pomada que é esfregada no peito e proporciona alívio da bronquite. As sementes são utilizadas como rapé para estimular os espirros.

9- *Althaea officinalis* L. Malvaceae

Esta espécie é uma caixa de medicamentos muito útil. Devido às suas propriedades calmantes e descongestionantes, é muito eficaz contra a inflamação e a irritação das mucosas, como as do aparelho digestivo, urinário e respiratório. A raiz é eficaz contra o excesso de ácido estomacal, as úlceras estomacais e a gastrite. É também utilizada externamente para contusões, entorses, dores musculares, picadas de insectos, inflamações cutâneas, farpas, etc. Toda a planta, mas especialmente a raiz, tem um efeito antitússico, antiespasmódico, diurético, fortemente emoliente e ligeiramente laxante. Utiliza-se uma infusão das folhas para tratar a cistite e a micção frequente. As folhas são colhidas em agosto, quando a planta está em flor, e podem ser secas para utilização posterior. A raiz pode ser utilizada numa pomada para tratar furúnculos e abcessos. A raiz é melhor colhida no outono, de preferência em plantas com 2 anos, e seca para uso posterior.

10- *Alhagi camelorum* **peixe.**
Fabaceae

A planta inteira é diaforética, diurética, expetorante e laxante, e um óleo das folhas é utilizado para tratar o reumatismo. As flores são utilizadas no tratamento das hemorróidas.

11- *Alyssum desertorum*
StapfBrassicaceae

O elecampano do deserto era utilizado para curar soluços, doenças mentais e raiva.

12- *Amaranthus cruentus* **L.**
Amaranthaceae

Nenhum conhecido

13- *Amaranthus retroflexus* **L.**
Amaranthaceae

O chá feito com as folhas é adstringente. É utilizado para tratar a menstruação excessiva, hemorragias intestinais, diarreia, etc. Uma infusão tem sido usada para tratar a rouquidão.

14- *Ammi majus* **L.**
Apiaceae

A semente tem propriedades contraceptivas, diuréticas e tónicas. Uma infusão é utilizada para acalmar o sistema digestivo, sendo também utilizada no tratamento da asma e da angina de peito. Uma decocção das sementes moídas, tomada após a relação sexual, parece ser capaz de impedir a implantação do óvulo fertilizado no útero. Esta decocção é também utilizada como gargarejo para tratar a dor de dentes. A semente contém furanocumarinas (incluindo bergapten), que estimulam a produção de pigmentos na pele quando esta é exposta à luz solar.

15- *Amygdalus scoparia* **Spach.**
Rosaceae

Quando espremidas, produzem quase metade do seu peso em óleo sólido e suave, que é utilizado em medicina para acalmar sucos acres, para amolecer e soltar substâncias sólidas e para doenças brônquicas, tosse seca, rouquidão, flatulência, dores renais, etc. As emulsões de amêndoas possuem, em certa medida, as propriedades emolientes do óleo e têm a vantagem, em relação ao óleo puro, de poderem ser administradas em caso de doenças agudas ou inflamatórias sem o risco de o óleo se tornar rançoso e provocar assim efeitos nocivos.

Branqueadas e batidas com água de cevada para formar uma emulsão, as amêndoas doces são muito benéficas para os cálculos, os cascalhos, as asfixias e outras doenças dos rins, da bexiga e da bexiga.

e das vias biliares. Devido ao seu carácter oleoso, as amêndoas doces proporcionam por vezes um alívio imediato da azia. Recomenda-se descascar e comer seis a oito amêndoas. O óleo sólido de amêndoa é extraído tanto das amêndoas amargas como das amêndoas doces. No entanto, para uso externo, só pode ser feito a partir de amêndoas doces.

16- *Anchusa italica* Retz.
Boraginaceae

A planta inteira tem um efeito antitússico, diurético, diaforético e diurético. É colhida durante o período de floração e seca para utilização posterior. A erva seca e em pó é utilizada como cataplasma para tratar inflamações. Aconselha-se precaução na utilização interna, uma vez que a planta contém o alcaloide cinoglossina, que pode ter um efeito paralisante.

17- *Apium graveolens* L.
Apiaceae

É um tónico aromático e amargo que baixa a tensão arterial, alivia a indigestão, estimula o útero e tem um efeito anti-inflamatório. As sementes maduras, a erva e a raiz são aperientes, carminativas, diuréticas, emenagogas, galactogénicas, nervosas, estimulantes e tónicas. Diz-se que o aipo selvagem é útil para a histeria, para promover o repouso e o sono e para ter uma influência ligeira e reparadora no sistema. Esta erva não deve ser receitada a mulheres grávidas. As sementes compradas para cultivo são frequentemente tratadas com um fungicida e não devem ser utilizadas para fins medicinais. A raiz é colhida no outono e pode ser utilizada fresca ou seca. A planta inteira é colhida quando dá frutos e é geralmente liquefeita para extrair o sumo. As sementes são colhidas na maturidade e secas para utilização posterior. Um óleo essencial extraído da planta tem um efeito calmante sobre o sistema nervoso central. Alguns dos seus constituintes têm efeitos antiespasmódicos, sedativos e anticonvulsivos. Foi demonstrada a sua utilidade no tratamento da hipertensão arterial. A partir desta erva é fabricado um remédio homeopático. É utilizado para tratar o reumatismo e os problemas renais.

18- *Artemisia biennis* Selvagem
Asteraceae

A planta era utilizada para tratar cólicas estomacais, cólicas e menstruações dolorosas. Externamente, era utilizada para tratar feridas e lesões. O relatório não especifica que parte da planta é utilizada. As sementes misturadas com melaço eram usadas como um parasita para se livrar de vermes.

19- *Artemisia absinthium* L.
Asteraceae

O absinto tem sido tradicionalmente utilizado para tratar infestações por vermes, embora não existam dados clínicos que apoiem esta utilização. Foram demonstrados efeitos anti-inflamatórios, antipiréticos e quimioterapêuticos em estudos não-humanos. O absinto é também utilizado como agente aromatizante.

20- *Artemisia annua* L .
Asteraceae

As folhas são antiperiódicas, anti-sépticas, digestivas e antipiréticas. A infusão das folhas é utilizada internamente para tratar febres, constipações, diarreias, etc. Externamente, as folhas são aplicadas em hemorragias nasais, furúnculos e abcessos. As folhas são colhidas no verão, antes de a planta florescer, e secas para utilização posterior. A planta contém artemisinina, uma substância que provou ser um agente antimalárico extremamente eficaz contra as drogas multi-resistentes. As sementes são utilizadas para tratar a flatulência, a indigestão e os suores noturnos.

21- *Artemisia scoparia* **Waldst. & Kit.**
Asteraceae

A planta é anticolesterolemica, antipirética, anti-séptica, colerética, diurética e vasodilatadora. Tem um efeito antibacteriano e inibe o crescimento de Staphylococcus aureus, estreptococos, Bacillus dysenteriae, B. typhi, B. subtilis, pneumococos, C. diphtheriae, micobactérias, etc. É utilizada para tratar a iterícia, a hepatite e a inflamação da vesícula biliar. A planta é também utilizada numa mistura com outras ervas como colagogo.

22- *Artemisia vulgaris* **L.**
Asteraceae

A artemísia é utilizada há muito tempo na medicina herbal, especialmente para problemas digestivos, cólicas menstruais e para tratar vermes. No entanto, é ligeiramente tóxica e não deve ser utilizada por mulheres grávidas, especialmente no primeiro trimestre, pois pode provocar um aborto espontâneo. Doses elevadas e prolongadas podem afetar o sistema nervoso. Todas as partes da planta são anti-helmínticas, anti-sépticas, antiespasmódicas, carminativas, colagogas, diaforéticas, digestivas, emenagogas, expectorantes, nervosas, laxantes, estimulantes, ligeiramente tónicas e são utilizadas para tratar os males das mulheres. Diz-se também que as folhas são apetitosas, diuréticas, hemostáticas e estomacais. Podem ser utilizadas interna ou externamente. Uma infusão das folhas e dos topos floridos é utilizada para queixas nervosas e espasmódicas, esterilidade, hemorragia uterina funcional, dismenorreia, asma e perturbações cerebrais. As folhas têm um efeito antibacteriano e inibem o crescimento de Staphylococcus aureus, Bacillus typhi, B. dysenteriae, estreptococos, E. coli, B. subtilis, Pseudomonas, etc. As folhas são colhidas em agosto e podem ser secas para utilização posterior. Diz-se também que o caule tem propriedades anti-reumáticas, antiespasmódicas e estomacais. As raízes são tónicas e antiespasmódicas. São consideradas um dos melhores remédios para o estômago. São colhidas no outono e secas para serem utilizadas mais tarde. Diz-se que as folhas, que são colocadas nos sapatos, têm um efeito calmante nos pés doridos. As folhas e os caules secos prensados são utilizados na moxabustão.

23- *Berberis integerrima* Bunge
Berberidaceae

Tem efeitos antimicrobianos, anti-inflamatórios, anti-hipertensivos, sedativos e antiespasmódicos. A berberina é possivelmente um estimulante do sistema imunitário e ajuda na digestão e nos problemas gastrointestinais. Encontra-se na casca do caule e no rizoma da planta. A berbamina é outro alcaloide encontrado na planta que se pensa combater as infecções estimulando a atividade dos glóbulos brancos.

A bérberis é tradicionalmente utilizada para tratar perturbações digestivas, irritações da pele e ferimentos. Tem propriedades anti-inflamatórias e antibióticas e tem sido utilizada para tratar infecções do trato urinário e da bexiga, infecções do trato respiratório superior e hemorragias uterinas anormais. Pode ter um efeito positivo nos sistemas cardiovascular e nervoso e pode ser utilizado para tratar a epilepsia e as convulsões. Também tem sido utilizada como um tratamento alternativo para a taquicardia e a hipertensão.

O extrato de bérberis utilizado numa pomada pode aliviar os sintomas da psoríase, mas não existem atualmente provas clínicas suficientes para apoiar esta afirmação. É frequentemente utilizado para tratar a diarreia bacteriana e as infecções intestinais parasitárias. Também é utilizado para tratar infecções fúngicas como a Candida (levedura). Pode também ajudar a digestão e prevenir alguns sintomas de indigestão, como azia e náuseas. Acredita-se que a bérberis estimula o fluxo sanguíneo para o fígado e melhora a função hepática. Acredita-se também que estimula a secreção da bílis.

24- *Berberis khorasanica* Browiez
Berberidaceae

Os frutos da bérberis purificam o sangue. A casca do caule, o tronco, as raízes e a casca da raiz da espécie Berberis são frequentemente utilizados como matérias-primas ou ingredientes na homeopatia e na etnomedicina. É tradicionalmente utilizada para curar várias infecções dos olhos, dos ouvidos e da boca, para emagrecer, para curar rapidamente as feridas, para curar as hemorróidas, para tratar a disenteria, a indigestão, as doenças do útero e da vagina e para tratar as picadas de cobra ou de escorpião como antídoto. É utilizada para curar iterícia, aumento do fígado, aumento do baço, feridas nos olhos, dor de dentes, asma e pigmentação da pele, para secar úlceras insalubres e para remover inchaço e inflamação por via oral, sendo também utilizada para tratar escorbuto, doença de Alzheimer, depressão, diabetes, iterícia, pedras nos rins, gota, reumatismo e doenças da pele.

25- *Bunium cylindericum* (Boiss. & Hausskn.) Drude. Apiaceae

Nenhum conhecido

26- *Bupleurum exaltatum* M.B.

O bupleurum é utilizado para infecções respiratórias, incluindo gripe, gripe suína, constipações, bronquite e pneumonia, bem como para os sintomas destas infecções, incluindo febre e tosse. Algumas pessoas utilizam esta planta para problemas digestivos, como indigestão, diarreia e obstipação. As mulheres utilizam-no por vezes para o síndroma pré-menstrual (PMS) e períodos dolorosos (dismenorreia).

O bupleurum é também utilizado para a fadiga, dores de cabeça, zumbidos nos ouvidos (tinnitus), perturbações do sono (insónia), depressão, perturbações hepáticas e perda de apetite (anorexia). Outras áreas de aplicação incluem o tratamento do cancro, malária, dores no peito (angina), epilepsia, dores, cãibras musculares, dores nas articulações (reumatismo), asma, úlceras, hemorróidas e colesterol elevado.

27- *Bupleurum falcatum* L. Apiaceae

Aplica-se uma pasta da planta em furúnculos. O sumo das raízes é utilizado para tratar as doenças do fígado. É uma erva amarga utilizada para harmonizar o organismo e equilibrar os diferentes órgãos e energias do corpo. Fortalece o aparelho digestivo, actua como tónico para o fígado e a circulação, reduz a febre e tem efeitos antivirais. A raiz é alterativa, analgésica, antibacteriana, anti-inflamatória, antiperiódica, antipirética, antiviral, carminativa, diaforética, emenagoga, hemolítica, fortalecedora do fígado, antiespasmódica e sedativa. É tomado internamente para tratar a malária, a febre da água negra, o prolapso uterino e rectal, as hemorróidas, a fraqueza do fígado, as perturbações menstruais, a flatulência, etc. As raízes são colhidas no outono e podem ser utilizadas frescas ou secas. A raiz contém saikosídeos. Estas substâncias semelhantes a saponinas demonstraram proteger o fígado da toxicidade e, ao mesmo tempo, reforçar o seu funcionamento, mesmo em pessoas com perturbações do sistema imunitário. Estes saikosídeos também estimulam a produção de corticosteróides pelo próprio organismo e aumentam o seu efeito anti-inflamatório. A planta é frequentemente utilizada em preparações com outras ervas para tratar os efeitos secundários dos esteróides.

28- *Bupleurum rotundifolium* L.
Apiaceae

É tradicionalmente utilizada para tratar a tosse, a febre e a gripe. As raízes são colhidas no outono e podem ser utilizadas frescas ou secas. Aplica-se uma pasta da planta nos furúnculos. É a erva mais importante em dezenas de receitas clássicas.

29- *Caparis spinosa* L.
Capparidaceae

Recentemente, as propriedades farmacológicas e químicas desta planta foram amplamente estudadas. Estudos biológicos revelaram actividades antidiabéticas, anti-escleróticas, antimicrobianas, antioxidantes, anti-inflamatórias, imunomoduladoras e antivirais significativas, apoiando as suas utilizações antigas. Outras actividades incluem actividades antifúngicas, antiproliferativas e inibidoras da transcriptase reversa do VIH-1. As sementes de alcaparra também contêm ácido ferúlico e ácido sinapínico, que contribuem para o seu valor medicinal. As sementes são ricas em proteínas, óleo e fibras; poderiam ser uma fonte alternativa de proteínas comestíveis (26%) e óleo (30%). Os extractos etanólico e aquoso reduziram o edema induzido por carragenina em ratos e mostraram actividades anti-hepatotóxicas. Foi demonstrado que os extractos de diferentes partes de C. spinosa possuem atividade biológica contra uma vasta gama de agentes patogénicos. Foram demonstradas actividades antifúngicas, antibacterianas, anti-amoeba e anti-vermes. Os testes de suscetibilidade antimicrobiana mostraram que a C. spinosa foi 100 %

eficaz contra isolados Gram-positivos e 90 % eficaz contra isolados Gram-negativos.

30- *Capsella bursa-pastoris* (L.) MedicusBrassicaceae

Era utilizada pelos habitantes locais para estancar hemorragias quando não havia outros remédios disponíveis e as reservas da medicina convencional estavam esgotadas.

31- *Cardaria draba* (L.) Desv. Brassicaceae

A planta tem um efeito anti-escorbútico. As sementes têm sido utilizadas como remédio para a flatulência e para o envenenamento por peixe. Acredita-se que este relatório esteja relacionado com uma intoxicação alimentar causada pela ingestão de peixe suspeito.

32- *Centaurea behen* L. Asteraceae

Tónico nervoso e reparador, fortalece o sistema nervoso central; também utilizado para a iterícia e problemas renais. As raízes contêm taraxasterol, o seu acetato e miristato.

33- *Cercis siliquastrum* L. Fabaceae

A pele do caule tem um efeito adstringente.

34- *Chenopodium vulvaria* L. Chenopodiaceae

A planta inteira é antiespasmódica e emenagoga. A infusão das folhas secas é utilizada para tratar a histeria e os problemas nervosos associados às doenças femininas.

35- *Cichorium intybus* L. Asteraceae

A chicória tem uma longa tradição no herbalismo e é particularmente valiosa pelo seu efeito fortalecedor no fígado e no trato digestivo. Raramente é utilizada na fitoterapia moderna,

embora seja frequentemente utilizada como parte da dieta. A raiz e as folhas são apetitosas, colagogas, depurativas, digestivas, diuréticas, hipoglicémicas, laxantes e tónicas. As raízes são mais activas do ponto de vista medicinal. Uma decocção da raiz revelou-se útil no tratamento da iterícia, do aumento do fígado, da gota e do reumatismo. Uma decocção da planta acabada de colher é utilizada para tratar o cascalho. A raiz pode ser utilizada fresca ou seca. É melhor colhida no outono. As folhas são colhidas quando a planta está em flor e podem também ser secas para utilização posterior. Foi demonstrado experimentalmente que os extractos de raiz provocam um ritmo cardíaco (pulso) mais lento e mais fraco. A planta merece ser investigada para utilização em arritmias cardíacas. A planta é utilizada nos remédios florais de Bach. O sumo leitoso dos caules é aplicado nas verrugas para as destruir.

36- *Cirsium arvense* (L.) Scop.
Asteraceae

A raiz é tónica, diurética, adstringente, antiflogística e fortalecedora do fígado. Era mastigada como remédio para as dores de dentes. Uma decocção das raízes era utilizada para tratar vermes nas crianças. Uma pasta das raízes, combinada com uma quantidade igual de pasta de raízes de *Amaranthus spinosus*, é utilizada para tratar a indigestão. A planta contém um alcaloide volátil e um glicosídeo chamado cnicina, que tem propriedades eméticas e emmenagogas. As folhas são antiflogísticas. Provocam inflamação e têm propriedades irritantes.

37- *Cnicus benedictus* L.
Asteraceae

Era considerada uma panaceia para todo o tipo de doenças, incluindo a peste. Embora já não seja tão utilizada hoje em dia, continua a ser reconhecida como tendo uma vasta gama de utilizações, embora seja principalmente utilizada como ingrediente em tónicos à base de plantas. A planta inteira é adstringente, amarga, colagoga, diaforética, diurética, fortemente emética em grandes doses, emenagoga, galactogoga, estimulante, estomacal e tónica. Uma infusão quente da planta é considerada uma das formas mais eficazes de melhorar o fornecimento de leite a uma mãe lactante. Uma infusão da planta inteira também tem sido usada como contracetivo e é frequentemente usada para tratar problemas do fígado e da vesícula biliar. A planta é também utilizada internamente para tratar a anorexia, a perda de apetite associada à depressão, a dispepsia, as cólicas flatulentas, etc. A planta inteira foi infundida durante a noite em água fria. Os homens tinham de caminhar após cada dose para promover a transpiração. O tratamento provocava frequentemente náuseas e vómitos - doses excessivas da planta provocam vómitos. A planta é utilizada externamente para tratar feridas e úlceras. A planta é colhida no verão, quando está em flor, e seca para ser utilizada mais tarde. É feito um remédio homeopático a partir da planta. É utilizado para tratar o fígado e a vesícula biliar.

38- *Colchicum persicum* Baker
Colchicaceae

A planta contém o alcaloide colchicina, que é utilizado em farmácia para tratar a gota e a febre mediterrânica familiar. Pensa-se que a utilização das raízes e das sementes na medicina tradicional se deve à presença deste fármaco. As folhas, o tubérculo e as sementes são venenosos.

39- *Colutea arborescens* L.
Fabaceae

As folhas são diuréticas e laxantes. As folhas são por vezes utilizadas como substituto do senna como laxante, embora o seu efeito seja muito mais suave. A planta é pouco fiável do ponto de vista medicinal, pelo que é raramente utilizada na fitoterapia. As sementes são eméticas. São também venenosas.

40- *Conium maculatum* L.
Apiaceae

A cicuta é uma planta muito venenosa que foi utilizada durante muito tempo como erva medicinal, embora raramente seja utilizada na fitoterapia moderna. É uma planta narcótica que tem um efeito calmante e analgésico. A planta contém coniina, uma substância extremamente venenosa que pode também provocar deformações congénitas. A planta

inteira é analgésica, antiespasmódica, emética, galactofuga e sedativa. É
um remédio popular tradicional para o cancro e antigamente era utilizado
internamente em doses muito pequenas para tratar uma variedade de
doenças como tumores, epilepsia, tosse convulsa, raiva e como antídoto
para o envenenamento por estricnina. Continua a ser utilizada
externamente, sobretudo em pomadas e óleos, para tratar a mastite, os
tumores malignos (especialmente o cancro da mama), as fissuras anais e as
hemorróidas. As folhas e os caules devem ser colhidos quando os primeiros
frutos se formam, pois é nessa altura que são mais activos do ponto de vista
medicinal. Os frutos são colhidos quando estão completamente maduros ou
antes de ficarem amarelos e depois secos. Devido à elevada toxicidade da
erva, esta é raramente utilizada atualmente. Utilize-a com extremo cuidado
e apenas sob a orientação de um médico qualificado. Um remédio
homeopático é feito a partir de uma tintura da planta fresca colhida quando
está em flor. É utilizado para tratar queixas como tonturas, tosse, insónia,
exaustão, arteriosclerose e problemas da próstata.

41- *Crataegus atrosanguinea* Pojark.
Rosaceae

Embora esta espécie não seja especificamente mencionada, os frutos
e as flores de muitos espinheiros são conhecidos na medicina popular à
base de plantas como um tónico para o coração, e a investigação moderna
confirmou esta utilização. Os frutos e as flores têm um efeito de redução da
pressão arterial e actuam também como um tónico cardíaco direto e suave.
São particularmente indicados no tratamento da insuficiência cardíaca
associada à hipertensão arterial.

pressão. Para ser eficaz, é necessária uma ingestão prolongada. É
geralmente utilizada em chá ou em tintura.

42- *Crataegus azarolus* L.
Rosaceae

É necessária uma ingestão prolongada para que seja eficaz. Os frutos
e as flores de muitos espinheiros são conhecidos na medicina popular à
base de plantas como um tónico para o coração, e a investigação moderna
confirmou esta utilização. Os frutos e as flores têm um efeito redutor da

tensão arterial e actuam também como um tónico cardíaco direto e suave.
São particularmente indicados no tratamento da insuficiência cardíaca
associada à hipertensão arterial. Utiliza-se normalmente em chá ou em
tintura.

43- *Crataegus melanocarpa* M.Bieb.
Rosaceae

Tradicionalmente, esta planta tem sido utilizada para tratar a
arteriosclerose, a tensão arterial elevada e a insuficiência cardíaca. Todas
estas doenças estão muito disseminadas nas sociedades ocidentais,
nomeadamente no Reino Unido. Atualmente, a ciência médica sabe que o
pilriteiro pode ajudar a curar e a prevenir uma série de doenças
cardiovasculares. As moléculas de flavonóides são conhecidas por dilatar
os vasos sanguíneos e reforçar os capilares. O espinheiro não só contribui
para a dilatação dos vasos sanguíneos, apoiando assim significativamente a
circulação periférica, como também tem um efeito específico no próprio
sistema cardiovascular. O pilriteiro melhora a nutrição, as reservas de
energia e a libertação de energia do músculo cardíaco. Estas plantas podem,
portanto, ser ideais para pessoas com tensão arterial elevada e arritmia
cardíaca.

44- *Crataegus microphylla* K.
KochRosaceae

O Hawthorn é utilizado principalmente para tratar doenças do
coração e dos vasos sanguíneos. Foi demonstrado que tem um efeito ligeiro
mas positivo na saúde cardíaca e circulatória, o que o torna uma boa terapia
preventiva para as pessoas com uma função cardíaca afetada. O Hawthorn
é considerado particularmente útil nas fases iniciais da insuficiência
cardíaca. Se uma planta medicinal demonstrou retardar a progressão de
uma doença cardíaca, deve certamente ser mais utilizada nos cuidados de
saúde preventivos.

45- *Crataegus pseudo hetrophylla* Pojark.
Rosaceae

Uma decocção de folhas e frutos verdes de espinheiro é utilizada na
medicina tradicional para tratar doenças cardiovasculares, cancro, diabetes

e fraqueza sexual. A diabetes é tratada com extractos de espinheiro. Este tratamento pode ser muito benéfico, especialmente nas fases iniciais da doença. Na medicina popular, várias espécies de pilriteiro são utilizadas principalmente para tratar doenças cardiovasculares.

46- *Cyperus longus* L.
Cyperaceae

A raiz é um tónico aromático. Antigamente era considerado um bom estomacal e útil nas fases iniciais da hidropisia, mas atualmente foi esquecido.

47- *Cyperus rotundus* L.
Cyperaceae

A erva-das-nozes é uma erva pungente e agridoce que tem um efeito antiespasmódico e analgésico, especialmente no sistema digestivo e no útero. As raízes e os tubérculos são analgésicos, antibacterianos, antiespasmódicos, antitússicos, aromáticos, adstringentes, carminativos, diaforéticos, diuréticos, emenagogos, litolíticos, calmantes, nutritivos da pele, estimulantes, estomacais, tónicos e vermífugos. São utilizadas internamente para tratar problemas digestivos e cólicas menstruais. São frequentemente combinadas com pimenta preta (*Piper nigrum)* para tratar dores de estômago. As raízes são colhidas no verão ou no inverno e secas para utilização posterior.

48- *Daucus broteri* Ten.
Apiaceae

As folhas ajudam a regular os níveis de açúcar no sangue e são utilizadas como parte de uma dieta para tratar a diabetes. As raízes são geralmente demasiado fibrosas e lenhosas para serem utilizadas, exceto para fazer um caldo ao qual dão um bom sabor.

Muitas das alegações medicinais sobre a cenoura selvagem relacionam-se com a sua utilização no apoio ao sistema excretor, estimulando o fluxo de urina e eliminando os resíduos através dos rins. As sementes são eficazes contra a formação de cálculos e ajudam a remover a areia e o cascalho dos rins, pelo que também são úteis para a gota. Tal como outras plantas da família das cenouras, as sementes são também

carminativas, ou seja, ajudam a acalmar o estômago e a aliviar a
flatulência.

Para fins medicinais práticos, as sementes da cenoura brava são
transformadas numa tintura, pois de outra forma têm de ser mastigadas para
libertar os óleos essenciais. Sabe-se que as sementes de cenoura bravia só
são eficazes se forem tomadas numa fase muito precoce da gravidez, pelo
que tradicionalmente se tomava uma tintura diariamente durante cerca de
uma semana por volta da ovulação. As sementes podem desencadear
contracções uterinas, razão pela qual a sua utilização não é recomendada
para mulheres grávidas.

49- *Descurainia Sophia* (L.) Webb& Berth
Brassicaceae

Uma cataplasma com a planta era utilizada para aliviar dores de
dentes. O sumo da planta tem sido utilizado para tratar tosse crónica,
rouquidão e dores de garganta ulceradas. Uma forte decocção da planta
provou ser eficaz no tratamento da asma. As flores e as folhas são
antiescorbúticas e adstringentes. As sementes são consideradas
cardiotónicas, demulcentes, diuréticas, expectorantes, febrífugas e laxantes,

Tónico e tónico. Utiliza-se para tratar a asma, a febre, a bronquite, o edema
e a disenteria. É também utilizada no tratamento de vermes e de problemas
de tártaro. É cozida com outras ervas para tratar várias doenças. As
sementes constituem um remédio especial para a ciática. Uma cataplasma
feita com as sementes esmagadas tem sido usada para queimaduras e
feridas.

50- *Dipsacus laciniatus* L. Dipsaceaa

O chá é pouco utilizado na fitoterapia moderna e os seus efeitos
terapêuticos são controversos. Tradicionalmente, tem sido utilizado para
tratar verrugas, fístulas (passagens anómalas na pele) e aftas. A raiz é
diaforética, diurética e estomacal. Diz-se que uma infusão fortalece o
estômago, estimula o apetite, remove bloqueios no fígado e trata a iterícia.
A raiz é colhida no início do outono e seca para utilização posterior. Uma
infusão das folhas era utilizada como uma lavagem para tratar o acne. A

planta é também utilizada popularmente para tratar o cancro. Uma pomada feita com as raízes é utilizada para tratar verrugas, manchas de vinho do Porto e podridão branca. Um remédio homeopático é feito a partir da planta com flor. É utilizado no tratamento de doenças de pele.

51- *Dorema ammoniacum* D. Don
Apiaceae

A resina de goma encontra-se nas cavidades dos tecidos dos caules, raízes e pecíolos. Muitas vezes escorre naturalmente dos orifícios dos caules causados por escaravelhos, embora não seja tão pura como a resina extraída do tecido vegetal. A resina tem propriedades antiespasmódicas, carminativas, diaforéticas, diuréticas ligeiras, expectorantes, emolientes, estimulantes e vasodilatadoras. É frequentemente utilizada internamente para tratar a bronquite crónica (especialmente nos idosos), a asma e o catarro. Externamente, é utilizada como emplastro para inchaços das articulações e tumores indolentes. A resina sai dos orifícios dos caules sob a forma de uma goma leitosa. Esta resina é prensada em blocos e depois moída até se transformar num pó.

52- *Echinophora platyloba* DC.
Apiaceae

O extrato de *E. platyloba* tem efeitos potenciais como agente antimicrobiano. Os seus extractos tiveram um grande efeito na prevenção do crescimento de salmonelas e tiveram um efeito antifúngico

53-*Echinops ritrodes* Bunge Asteraceae

A raiz é anti-helmíntica, galactogogica, cutânea. Tem um efeito antitumoral fraco. É utilizada como emenagoga e antídoto.

54- *Echinops robustus* Bunge Asteraceae

Nenhum conhecido

55- *Epilobium hirsutum* L.
Onagraceae

As folhas têm sido utilizadas como adstringente, mas existem alguns relatos de envenenamento grave com convulsões do tipo epilético em resultado da sua utilização.

56- *Eremurus spectabilis* M. Bieb.
Asphodelaceae

Nenhum conhecido

57- *Erodium cicutarium* (L.) L'Her. ex Aiton
Geraniaceae

A planta inteira é adstringente e hemostática. Era utilizada no tratamento de hemorragias uterinas e outras hemorragias. A raiz e as folhas eram comidas pelas mães lactantes para aumentar o fluxo de leite. Externamente, a planta era utilizada como lavagem para mordeduras de animais, infecções cutâneas, etc. Uma cataplasma feita com a raiz mastigada era aplicada em feridas e erupções cutâneas. Um chá feito com as folhas tem um efeito diaforético e diurético. Uma infusão era utilizada no tratamento da febre tifoide. As folhas são embebidas em água de banho para tratar o reumatismo. As sementes contêm vitamina K e uma cataplasma feita com elas é utilizada para tratar o tifo gotoso.

58- *Eryngium bornumlleri* Nab.
Apiaceae

Nenhum conhecido

59- *Eryngium caeruleum* M. B.
Apiaceae

As partes aéreas da planta e a raiz são utilizadas para fazer medicamentos. As preparações de Eryngo das partes aéreas são tomadas para infecções do trato urinário, problemas da próstata e vias respiratórias inchadas. As preparações de eryngo a partir da raiz são utilizadas para tratar vários distúrbios do trato urinário, como pedras nos rins e na bexiga, dores e inchaço nos rins e dificuldades em urinar. A raiz de Eryngo também é utilizada para tratar a tosse, doenças de pele, bronquite e outros problemas respiratórios. As partes aéreas do Eryngo podem aumentar a produção de urina. A raiz de Eryngo pode aliviar as cãibras e ajudar a aliviar a congestão do peito, diluindo o muco e facilitando a expetoração.

60- *Ferula gummosa* Boiss.
Apiaceae

Toda a planta, mas sobretudo a raiz, contém a resina de goma "gálbano". Esta tem um efeito antiespasmódico, carminativo, expetorante e estimulante. É utilizado internamente no tratamento da bronquite crónica, da asma e de outras afecções do peito. Estimula a digestão e tem um efeito antiespasmódico, alivia a flatulência, as dores lancinantes e as cólicas. Externamente, é utilizado como emplastro para inchaços inflamatórios, úlceras, furúnculos, feridas e doenças de pele.

61- *Fritillaria imperialis* L.
Liliaceae

A cebola é diurética, emoliente e suavizante. É também um veneno para o coração. Era utilizada como expetorante e para promover a produção de leite materno. A planta fresca contém o alcaloide venenoso "Imperialina".

62- *Fumaria vaillantii* Loisel.
Fumariaceae

Esta planta é utilizada como antioxidante, hepatoprotectora, anti-hipocloridrato e peroxidante de antilípidos, analgésica, anti-úlcera, anti-inflamatória e antinociceptiva, anticolinesterásica, antifúngica, perturbação cognitiva, antidiabética, citotóxica, anti-cólica e iterícia.

63- *Galium aparine* L.
Rubiáceas

A erva-dos-prados tem uma longa tradição na medicina caseira e é também muito utilizada pelos herboristas modernos. É um diurético valioso e é frequentemente utilizada para tratar problemas de pele como a seborreia, o eczema e a psoríase e como agente desintoxicante geral para doenças graves como o cancro. Toda a planta, com exceção da raiz, é alterativa, antiflogística, aperiente, adstringente, depurativa, diaforética, diurética, antipirética, tónica e vulnerária. É colhida em maio e junho quando está em flor e pode ser utilizada fresca ou seca para uso posterior. É utilizada tanto interna como externamente para tratar uma variedade de doenças, incluindo como cataplasma para feridas, úlceras e muitos outros problemas de pele, e como decocção para a insónia e nos casos em que um diurético forte é benéfico. Foi considerada útil no tratamento da febre glandular, amigdalite, hepatite, cistite, etc. A planta é frequentemente utilizada em conjunto com outras ervas como parte de um tónico primaveril. Um chá feito a partir da planta é tradicionalmente utilizado interna e externamente no tratamento do cancro. É preferível utilizar um sumo da planta do que um chá. A eficácia deste tratamento não foi provada nem refutada. Algumas espécies deste género contêm asperulosídeo, uma substância que produz cumarina e que, quando a planta seca, liberta o cheiro a feno acabado de ceifar. O asperulosídeo pode ser convertido em prostaglandinas (compostos semelhantes a hormonas que estimulam o útero e influenciam os vasos sanguíneos), o que torna o género muito interessante para a indústria farmacêutica. Foi produzido um remédio homeopático a partir da planta.

64- *Galium verum* L.
Rubiáceas

É utilizada principalmente como diurético e no tratamento de doenças de pele. As folhas, os caules e os rebentos floridos são antiespasmódicos, adstringentes, diuréticos, pediculicidas, litotrópicos e vulnerários. A planta é utilizada como remédio para doenças de cascalho, pedras ou do trato urinário e é considerada um remédio para a epilepsia. Um pó feito a partir da planta fresca é utilizado para acalmar a pele avermelhada e para aliviar a inflamação, sendo a planta também utilizada como remédio para a epilepsia.

Utilizar como cataplasma para cortes, infecções cutâneas, feridas de cicatrização lenta, etc. A planta é colhida durante o período de floração e seca para ser utilizada posteriormente. Algumas espécies deste género contêm asperulosídeo, uma substância que produz cumarina e que, quando a planta é seca, liberta o cheiro a feno acabado de ceifar. O asperulosídeo pode ser convertido em prostaglandinas (compostos semelhantes a hormonas que estimulam o útero e influenciam os vasos sanguíneos), o que torna o género muito interessante para a indústria farmacêutica.

65- *Gerânio (Geranium robertianum* L.)
Geraniaceae

É ocasionalmente utilizada como adstringente para estancar hemorragias e para tratar a diarreia. As folhas são anti-reumáticas, adstringentes, ligeiramente diuréticas e vulnerárias. As folhas podem baixar os níveis de açúcar no sangue, pelo que são úteis no tratamento da diabetes. Uma infusão das folhas é utilizada para tratar hemorragias, problemas de estômago, infecções renais, iterícia, etc. Externamente, aplica-se uma lavagem ou cataplasma nos seios inchados e dolorosos, nas articulações reumáticas, nas contusões, nas hemorragias, etc. É preferível utilizar a planta inteira, incluindo as raízes. A planta pode ser colhida desde o final da primavera até ao início do outono e é geralmente utilizada fresca. É feito um remédio homeopático a partir da planta. Os pormenores das aplicações não são apresentados neste relatório.

66- *Glycyrrhiza glabra* L.
Fabaceae

Esta espécie é uma das ervas mais utilizadas na fitoterapia regional e tem uma longa história de utilização, quer como medicamento quer como aromatizante para disfarçar o sabor desagradável de outros medicamentos. É uma erva muito doce, húmida e calmante, que desintoxica e protege o fígado, sendo também muito anti-inflamatória e utilizada em doenças tão diversas como a artrite e as úlceras da boca. A raiz é alterativa, antiespasmódica, antiespasmódica, diurética, emoliente, expetorante, laxante, moderadamente peitoral e tónica. A raiz tem também um efeito hormonal semelhante ao da hormona ovárica. A raiz de alcaçuz é frequentemente utilizada em medicamentos para a tosse e no tratamento de infecções catarrais do trato urinário. É tomada internamente para o tratamento da doença de Addison, asma, bronquite, tosse, úlceras estomacais, artrite, problemas alérgicos e após terapia com esteróides. Deve ser utilizado com moderação e não deve ser prescrito a mulheres grávidas ou pessoas com tensão arterial elevada, doença renal ou a tomar medicamentos à base de digoxina. O uso prolongado aumenta a tensão arterial e provoca a retenção de líquidos. A raiz é utilizada para tratar o herpes, o eczema e as herpes zoster. A raiz é colhida no outono, quando tem 3 a 4 anos de idade.

67- *Goldbachia laevigata* (**M. Bieb.) DC.**
Brassicaceae

Nenhum conhecido

68- *Gundelia tournefortii* **L.**
Asteraceae

Nenhum conhecido

69- *Gypsophila bicolor* (**Freyn. & Sint.) Grossh.**
Caryophyllaceae

Esta planta é laxante. A raiz contém triterpenóides, saponinas e estes têm atividade espermicida.

70- *Hibiscus trionum* **L.**
Malvaceae

As flores são diuréticas. São utilizadas para tratar a comichão e as dores de pele. Diz-se que as folhas secas têm um efeito de fortalecimento do estômago.

71- *Hymenocrater platystegius* **Rech. F.**
Lamiaceae

Nenhum conhecido

72- *Hyoscyamus niger* **L.**
Solanaceae

A cana-de-açúcar tem uma história muito longa como planta medicinal e foi amplamente cultivada para satisfazer a procura da sua utilização. É amplamente utilizada como sedativo e analgésico e é especificamente utilizada para dores nas vias urinárias, especialmente cálculos renais. Os seus efeitos sedativos e antiespasmódicos tornam-na um remédio valioso para os sintomas da doença de Parkinson, pois alivia os tremores e a rigidez nas fases iniciais da doença. Esta espécie é a forma que é geralmente considerada a melhor para uso externo. Todas as partes da planta, mas sobretudo as folhas e as sementes, podem ser utilizadas. São anódinas, antiespasmódicas, ligeiramente diuréticas, alucinogénicas, hipnóticas, narcóticas e sedativas. A planta é utilizada internamente para tratar a asma, tosse convulsa, enjoos de viagem, síndroma de Meniere, tremores na senilidade ou paralisia e como medicação pré-operatória. A canela-da-terra reduz as secreções de muco, bem como a saliva e outros sucos digestivos. Externamente, é utilizada como um óleo para aliviar condições dolorosas como nevralgias, dores de dentes e dores reumáticas. As folhas devem ser colhidas durante o período de floração e podem depois ser secas. Existe uma forma anual e uma forma bienal desta espécie, ambas podem ser usadas medicinalmente, mas a forma bienal é considerada melhor. É uma planta muito venenosa e só deve ser utilizada com muito cuidado e sob a supervisão de um médico qualificado. A semente é utilizada para tratar a asma, a tosse, a epilepsia, a mialgia e a dor de dentes. As sementes são utilizadas na medicina tibetana e diz-se que têm um sabor amargo e acre com uma potência neutra e venenosa. São utilizadas para tratar dores de estômago e intestinais devido a infestação de vermes, dores de dentes, pneumonia e tumores.

73- *Hypericum perforatum* L.
Hypericaceae

Esta espécie é um remédio extremamente valioso para os problemas nervosos. Em ensaios clínicos, o estado de pacientes com depressão ligeira a moderada foi melhorado com a ingestão desta planta. As flores e as folhas são analgésicas, anti-sépticas, antiespasmódicas, aromáticas, adstringentes, colagogas, digestivas, diuréticas, expectorantes, nervosas, resolventes, sedativas, estimulantes, vermífugas e vulnerárias. A erva é usada para uma variedade de doenças, incluindo problemas pulmonares, problemas de bexiga, diarreia e depressão nervosa. É também muito eficaz no tratamento da incontinência urinária nocturna nas crianças. Externamente, é utilizada em cataplasmas para eliminar tumores de fogão, seios presos, nódoas negras, etc. Os rebentos floridos são colhidos no início do verão e secos para utilização posterior. Utilizar a planta com precaução e não a prescrever a pacientes com depressão crónica. Alguns povos indígenas utilizavam a planta para induzir o aborto, pelo que não deve ser utilizada por mulheres grávidas. Um chá ou tintura feita a partir das flores frescas é um remédio popular para tratar úlceras externas, queimaduras, feridas (especialmente aquelas com tecido nervoso cortado), feridas, contusões, cãibras, etc. Uma infusão das flores em azeite é utilizada externamente para feridas, úlceras, inchaços, reumatismo, etc. É também apreciada no tratamento de queimaduras solares e como cosmético para a pele. A planta contém muitos compostos biologicamente activos, como a rutina, a pectina, a colina, o sitosterol, a hipericina e a pseudo-hipericina. Os dois últimos compostos demonstraram ter um forte efeito antirretroviral sem efeitos secundários graves. Um remédio homeopático é feito a partir da planta inteira fresca com flor. É utilizado para tratar ferimentos, mordeduras e picadas e diz-se que é o primeiro remédio a ser considerado para ferimentos em zonas ricas em nervos, como a coluna vertebral, os olhos e os dedos.

74- *Inula salicina* L.
Asteraceae

É útil no tratamento da doença do intestino fraco e do íleo.

75- *Lathyrus aphaca* L.
Fabaceae

Diz-se que as sementes maduras têm um efeito narcótico. As flores têm um efeito dissolvente.

76- *Leonurus cardiaca* L.
Lamiaceae

A Feverfew é particularmente valiosa no tratamento das fraquezas e perturbações femininas, alivia a irritabilidade nervosa, conduz à calma e à passividade de todo o sistema nervoso. É também considerada como um remédio para as palpitações e tem um efeito fortalecedor, especialmente num coração fraco. O efeito antiespasmódico e calmante promove o relaxamento e não a sonolência. As folhas são antiespasmódicas, adstringentes, cardiotónicas, diaforéticas, emenagogas, nervosas, sedativas, estomacais, tónicas e estimulantes uterinas. São tomadas internamente para tratar problemas cardíacos (nomeadamente palpitações) e problemas associados à menstruação, ao parto e à menopausa, nomeadamente de natureza nervosa. Embora se possa utilizar uma infusão, o sabor é tão amargo que a planta é geralmente transformada numa compota ou num xarope. Diz-se que um extrato alcoólico tem um efeito superior ao da valeriana (Valeriana officinalis). A planta demonstrou ser eficaz no

tratamento de problemas cardíacos funcionais devidos a um desequilíbrio
autonómico, bem como no tratamento de problemas da tiroide, embora o
efeito só ocorra após vários meses de ingestão. A erva inteira é colhida em
agosto, quando está em flor, e pode ser seca para uso posterior. Não deve
ser prescrita nas primeiras fases da gravidez ou durante os períodos
menstruais intensos. É feito um remédio homeopático a partir da planta. É
utilizado para tratar problemas cardíacos, amenorreia, sintomas da
menopausa e flatulência.

77- *Lithospermum officinale* L.
Boraginaceae

As sementes maduras são diuréticas, litotrópicas e ocitócicas. São
moídas em pó e utilizadas no tratamento de pedras na bexiga, artrite e
estados febris. Uma infusão das folhas é utilizada como sedativo. A raiz
tem um efeito depurativo. Um xarope feito a partir de uma decocção da raiz
e dos caules é utilizado para tratar surtos de doenças como a varíola, o
sarampo e a comichão. Todas as partes da planta contêm uma substância
que inibe a secreção da hormona gonadotrofina da hipófise. Os extractos da
erva têm propriedades contraceptivas.

78-Lycopus *europaeus* L. Lamiaceae

A erva florida fresca ou seca é adstringente e calmante. Inibe a
conversão do iodo na glândula tiroide e é utilizada para tratar o
hipertiroidismo e doenças relacionadas. A planta inteira é utilizada como
adstringente, hipoglicemiante, narcótico ligeiro e sedativo ligeiro. Também
abranda e fortalece as contracções cardíacas. A planta provou ser eficaz no
tratamento do hipertiroidismo e é também utilizada para a tosse,
hemorragias pulmonares, consumo, menstruação excessiva, etc. As folhas
são utilizadas como cataplasma para limpar feridas pútridas. As mulheres
grávidas e os doentes com hipotiroidismo não devem ser medicados com
este remédio. A planta é colhida no início da época de floração e pode ser
utilizada fresca ou seca, em infusão ou tintura.

79- *Malus orientalis* Uglitzk.

Rosaceae

Os frutos maduros são utilizados como remédio para a diarreia, a obstipação, a cólera, a diabetes, a febre e para tratar as varizes.

80- *Malva neglecta* Wallr.
Malvaceae

Todas as partes da planta são antiflogísticas, adstringentes, antiespasmódicas, diuréticas, emolientes, expectorantes, laxantes e untuosas. As folhas e as flores podem ser consumidas como parte da dieta, ou pode fazer-se um chá das folhas, flores ou raízes. As folhas e as flores são utilizadas principalmente como cataplasma para contusões, inflamações, picadas de insectos, etc., devido às suas propriedades calmantes. As folhas e as flores também são utilizadas internamente para tratar afecções respiratórias ou inflamações do aparelho digestivo ou urinário. Têm propriedades semelhantes às da malva (*Althaea officinalis*), mas são consideradas inferiores, embora sejam mais potentes do que a malva (*Malva. sylvestris*). Raramente são utilizadas internamente. A planta é um excelente laxante para crianças pequenas.

81- *Mespilus germanica* L.
Rosaceae

A polpa do fruto é laxante. As folhas são adstringentes. A semente é litotrópica. É moída para uso, mas aconselha-se precaução, pois as sementes contêm o veneno ácido cianídrico. A casca tem sido utilizada como substituto do quinino, mas com resultados incertos.

82-*Muscari neglectum* Guss. Liliaceae

Este tipo de utilização como estimulante e diadra, urina e vómitos.

83- *Myrtus communis* L.
Myrtaceae

As folhas são aromáticas, balsâmicas, hemostáticas e tónicas. Investigações recentes descobriram uma substância na planta que tem um efeito antibiótico. Os ingredientes activos da murta são rapidamente absorvidos e dão à urina um odor violeta em 15 minutos. A planta é tomada internamente para tratar infecções do trato urinário, problemas digestivos, corrimento vaginal, congestão brônquica, sinusite e tosse seca. Na Índia, é considerada útil no tratamento de perturbações cerebrais, especialmente epilepsia. Externamente, é utilizada para tratar o acne, feridas, gengivite e hemorróidas. As folhas são colhidas consoante as necessidades e utilizadas frescas ou secas. Um óleo essencial extraído da planta é antissético. Contém a substância mirtol, que é utilizada como remédio para a inflamação das gengivas. O óleo é utilizado como aplicação tópica no tratamento do reumatismo. O fruto é carminativo. É utilizado para tratar a disenteria, a diarreia, as hemorróidas, as úlceras internas e o reumatismo.

84- *Nepeta cataria* L.
Lamiaceae

A erva-dos-gatos é utilizada há muito tempo como remédio caseiro à base de plantas, especialmente para a indigestão, e como estimula a transpiração, é útil para reduzir a febre. Devido ao seu sabor agradável e à sua ação suave, a planta é adequada para tratar constipações, gripes e febre nas crianças. É mais eficaz quando utilizada em conjunto com a flor de sabugueiro (*Sambucus nigra*). As folhas e as flores são fortemente antiespasmódicas, antitússicas, adstringentes, carminativas, diaforéticas, ligeiramente emenagogas, refrescantes, sedativas, ligeiramente estimulantes, estomacais e tónicas. As hastes florais são colhidas em agosto, quando a planta está em plena floração, secas e armazenadas para utilização conforme necessário. Uma infusão produz transpiração livre e é considerada benéfica no tratamento de febres e constipações. Também é muito útil para a ansiedade e o nervosismo e é muito adequada como um nervosismo ligeiro para as crianças. Também se pode usar um chá feito com as folhas. A infusão é também aplicada externamente em nódoas negras, especialmente nos olhos azuis.

85- *Nepeta glomerulosa* Boiss.
Lamiaceae

Esta espécie é utilizada como antiespasmódico, antitússico, adstringente, carminativo e diaforético.

86- *Ononis spinosa* L.
Fabaceae

As raízes, as folhas e as flores têm um efeito antitússico, flatulento, diurético e litotrópico. A raiz contém um óleo sólido que tem um efeito diurético e um óleo essencial que tem um efeito diurético. Se o efeito diurético for necessário, a raiz deve ser utilizada como uma infusão e não como uma decocção, caso contrário o óleo essencial evaporar-se-á. Uma infusão é usada para tratar hidropisia, inflamação da bexiga e dos rins, reumatismo e doenças crónicas da pele. As raízes são utilizadas ocasionalmente. São colhidas no outono, cortadas em fatias e cuidadosamente secas para utilização posterior. Os rebentos jovens são utilizados mais frequentemente, frescos ou secos. Podem ser colhidos durante todo o verão. A casca é utilizada para fazer um xarope para a tosse.

87- *Paliurus spina-christi* Miller
Rhamnaceae

O fruto da planta é utilizado como eliminador da ureia e do ácido úrico, redutor do colesterol e da tensão arterial e para a eliminação de cálculos urinários.

88- *Perovskia abrotanoides* Karel.
Lamiaceae

As flores desta planta são utilizadas como um agente refrescante e para tratar a febre.

89- *Phlomis anisodonta* Boiss.
Lamiaceae

Esta espécie é utilizada no tratamento da diabetes, do mellitus e das úlceras hemorrágicas, na proteção do sistema nervoso, na redução da inflamação, na luta contra o cancro, como agente antimicrobiano e como antioxidante.

90- *Plantago lanceolata* L.
Plantaginaceae

A banana-da-terra é um tratamento seguro e eficaz para as hemorragias. A planta da planta da ribeira interrompe rapidamente o fluxo de sangue e promove a reparação dos tecidos danificados. As folhas contêm mucilagem, taninos e ácido silícico. Um extrato das folhas tem propriedades antibacterianas. Têm um sabor amargo e são adstringentes, expectorantes, ligeiramente mucolíticas, hemostáticas e fortalecedoras dos olhos. Internamente, são utilizadas para diversas afecções, como diarreia, gastrite, úlceras gástricas, síndroma do intestino irritável, hemorragias, hemorróidas, cistite, bronquite, catarro, sinusite, asma e febre dos fenos. Externamente, são utilizadas para tratar inflamações cutâneas, úlceras malignas, cortes, picadas, etc. As folhas aquecidas são utilizadas como pensos húmidos para feridas, inchaços, etc. A raiz é um remédio para as picadas de cascavel. Utiliza-se em partes iguais com *Marrubium vulgare*. As sementes são utilizadas no tratamento de vermes parasitas. As sementes de banana-da-terra contêm até 30 % de mucilagem, que incha nos intestinos, tem um efeito laxante e acalma as membranas mucosas irritadas. Por vezes, as cascas das sementes também são utilizadas sem as sementes. Uma loção de água destilada feita a partir da planta é uma excelente loção para os olhos.

91- *Plantago major* L.
Plantaginaceae

As propriedades medicinais desta espécie são bastante semelhantes às de *Plantago lanceolata* L.

92- *Prunus spinosa* L.
Rosaceae

As flores, a casca, as folhas e os frutos têm um efeito aperiente, adstringente, depurativo, diaforético, diurético, antipirético, laxante e estomacal. Uma infusão das flores é utilizada para tratar a diarreia (especialmente nas crianças), problemas de bexiga e de rins, problemas de estômago, etc. Embora não tenha sido encontrada nenhuma menção específica para esta espécie, todos os membros do género contêm amigdalina e prunasina, que se decompõem na água para formar ácido cianídrico (cianeto ou ácido prússico). Em pequenas quantidades, este composto altamente tóxico estimula a respiração, melhora a digestão e dá uma sensação de bem-estar.

93- *Pulicaria dysenterica* (L.) Gaertn.
Asteraceae

As folhas esmagadas têm um odor a sabão. São adstringentes e podem ser utilizadas no tratamento da disenteria. A raiz também é adstringente e é utilizada no tratamento da disenteria. Uma pasta da planta é aplicada externamente nas feridas.

94- *Rosa persica* Michx. ex Juss.
Rosaceae

As propriedades desta espécie incluem antidiarreico, antioxidante, laxante, diurético e redução do açúcar no sangue.

95- *Rumex acetosa* L.
Polygonaceae

As folhas frescas ou secas são adstringentes, diuréticas, laxantes e refrescantes. São utilizadas para fazer uma bebida refrescante no tratamento da febre e são particularmente úteis no tratamento do escorbuto. O sumo das folhas, misturado com fumitório, tem sido utilizado como remédio para a comichão na pele e para a micose. Uma infusão da raiz é adstringente, diurética e hemostática. Era utilizada para tratar a icterícia, o cascalho e os cálculos renais. Tanto as raízes como as sementes têm sido utilizadas para a hemostase. Uma pasta feita a partir da raiz é utilizada para fixar ossos deslocados. A planta é depurativa e estomacal. É feito um remédio homeopático a partir da planta. É utilizado para tratar cãibras e doenças de pele.

96- *Rumex obtusifolius* L.
Polygonaceae

As folhas são frequentemente utilizadas externamente como um remédio rústico para tratar bolhas, queimaduras e escaldões. A raiz contém tanino, é adstringente e depurativa do sangue. Um chá feito com as raízes era utilizado para tratar a icterícia, a tosse convulsa, furúnculos e hemorragias. Uma infusão da raiz era utilizada como lavagem, especialmente para crianças, para tratar erupções cutâneas. De acordo com um relatório, a raiz era também utilizada como contracetivo para parar a menstruação. A raiz é colhida no início da primavera e seca para utilização posterior.

97- *Salsola kali* L.
Chenopodiaceae

O sumo da planta fresca é um excelente diurético. As cápsulas de sementes também podem ser utilizadas. A salsolina, um dos constituintes da planta, é utilizada para regular a tensão arterial. Diz-se que é semelhante à papaverina no seu efeito de vasoconstrição e à hidrastina no seu efeito nos músculos lisos do útero. A planta é descrita como catártica, diurética, emenagoga, estimulante e anti-helmíntica e é um remédio popular para a hidropisia e os excessos.

98- *Salvia aethiopis* L.
Lamiaceae

Esta planta é um antiespasmódico, tratamento da flatulência e da indigestão, tónico e sedativo, alivia as dores menstruais.

99- *Salvia chorassanica* Bunge
Lamiaceae

Esta espécie possui propriedades antioxidantes que são úteis no tratamento de doenças do estômago e dos rins.

100- *Salvia macrosiphon* Boiss.
Lamiaceae

A planta é um remédio popular para o delírio causado pela febre e pela excitação nervosa, que está frequentemente associada a perturbações cerebrais e nervosas.

101- *Salvia nemurosa* L.
Lamiaceae

A Salvia nemurosa é um remédio eficaz como tónico estimulante para a fraqueza do estômago, sistema nervoso e indigestão.

102- *Salvia sclarea* L.
Lamiaceae

A salva esclareia é considerada tanto como uma variante mais fraca

da salva (*Salvia officinalis*) como uma planta de direito próprio. A planta
antiespasmódica e aromática é utilizada principalmente para tratar
problemas digestivos como a flatulência e a indigestão. É também
considerada uma erva tónica e calmante que ajuda nas dores menstruais e
nos sintomas pré-menstruais. Devido ao seu efeito estimulante dos
estrogénios, é mais eficaz quando os níveis hormonais são baixos. A planta
inteira, especialmente as folhas, é antiespasmódica, apetecível, aromática,
adstringente, balsâmica, carminativa, peitoral e tónica. É adequada para
tratar problemas gástricos e renais e é um remédio valioso para as queixas
da menopausa, especialmente os afrontamentos. Não deve ser prescrita a
mulheres grávidas. As folhas podem ser utilizadas frescas ou secas; para
secar, devem ser colhidas antes do período de floração. A semente forma
uma mucilagem espessa quando mergulhada em água durante alguns
minutos. Esta é eficaz na remoção de pequenas partículas de pó dos olhos.
O óleo essencial é utilizado em aromaterapia.

103- *Salvia spinosa* L.
Lamiaceae

As propriedades medicinais desta espécie são antiespasmódicas,
apetecíveis, aromáticas, adstringentes, balsâmicas e carminativas.

104- *Sanguisorba minor* Scop.
Rosaceae

A planta inteira é consumida, coagulação do sangue, anti-flatulência,
leite anti-descarga, tratamento de escória intestinal, tratamento de inchaço
intestinal e tratamento de pedras nos rins.

105- *Satureja mutica* Fisch. et C.A. Mey.
Lamiaceae

A utilização medicinal desta espécie é contra a arritmia cardíaca, a
arterite, o cancro e a urina.

106- *Scirpus maritimus* L.
Cyperaceae

A raiz é adstringente e diurética. É utilizada no tratamento da
amenorreia, dismenorreia, dores abdominais ou tumores nas mulheres após

o parto, flatulência e indigestão.

107- *Scutellaria pinnatifida* A. Hamilt.
Lamiaceae

Nenhum conhecido

108- *Serratula arvensis* L.
Asteraceae

A raiz é tónica, diurética, adstringente, anti-inflamatória e fortalecedora do fígado. Era mastigada como remédio para as dores de dentes. Uma decocção das raízes era utilizada para tratar vermes nas crianças. Uma pasta das raízes, combinada com uma quantidade igual de pasta de raízes de *Amaranthus spinosus*, é utilizada para tratar a indigestão. A planta contém um alcaloide volátil e um glicosídeo chamado cnicina, que tem propriedades eméticas e emmenagogas. As folhas são anti-inflamatórias. As folhas são anti-inflamatórias, provocam inflamação e têm propriedades irritantes.

109- *Silene conoidea* L.
Caryophyllaceae

A planta é considerada emoliente e é utilizada em banhos ou como incenso. O sumo da planta é utilizado no tratamento de problemas oculares.

110- *Sinapis arvensis* L.
Brassicaceae

A planta é utilizada nos remédios florais de Bach. As palavras-chave para a prescrição desta planta são "depressão negra", "melancolia" e "tristeza".

111- *Sisymbrium altissimum* L.
Brassicaceae

As folhas e as flores são antiescorbúticas e adstringentes.

112- *Solanum nigrum* L.
Solanaceae

A planta inteira é antiperiódica, antiflogística, diaforética, diurética, emoliente, febrífuga, narcótica, laxante e sedativa. É colhida no outono, quando as flores e os frutos estão na planta, e seca para uso posterior. As folhas, os caules e as raízes são utilizados externamente como cataplasma, lavagem, etc., no tratamento de aftas, furúnculos, leucodermia e feridas. Os extractos da planta são analgésicos e antiespasmódicos, anti-inflamatórios e vasodilatadores. A planta tem sido utilizada para fazer pomadas analgésicas localizadas e o sumo do fruto tem sido utilizado como analgésico para dores de dentes.

113- *Sorghum halepense* (L.) Pers.
Poaceae

A semente tem um efeito diurético e descongestionante.

114- *Stachys lavandulifolia* vahl
Lamiaceae

A planta é utilizada para fortalecer o estômago e para eliminar as perturbações gastrointestinais e digestivas.

115- *Thymus kotschyanus* Boiss. & Hohen
Lamiaceae

Os ramos floridos são utilizados para tratar problemas gastrointestinais e flatulência.

116- *Tulipa Michelina* Liliaceae

Nenhum conhecido

117- *Tulipa wilsoniana* Hoog Liliaceae

Nenhum conhecido

118- *Vaccaria grandiflora* (Fisch, ex DC.) Caryophyllaceae

Esta planta é utilizada para tratar a bronquite, a asma e a tosse.

119- *Verbascum songaricum* Scherenk ex Fisch.
Scrophulariaceae

A planta é um remédio popular para a prevenção da hemorragia pós-parto.

120- *Viscum album* L.
Loranthaceae

Este tipo é utilizado principalmente para baixar a tensão arterial e o ritmo cardíaco, aliviar a ansiedade e promover o sono. Em pequenas doses, pode também aliviar ataques de pânico e dores de cabeça e melhorar a concentração. Devido aos possíveis efeitos secundários, esta planta só deve ser utilizada internamente sob a orientação de um médico experiente. O uso interno da planta pode causar reacções de intolerância a certas substâncias. As folhas e os ramos jovens contêm vários compostos medicinais activos. São antiespasmódicos, cardiotónicos, citostáticos, diuréticos, anti-hipertensivos, narcóticos, estimulantes, tónicos e vasodilatadores. São colhidas pouco antes da formação das bagas e secas para utilização posterior. O visco tem a reputação de curar a epilepsia e outros distúrbios nervosos convulsivos. Com a dose correcta, a atividade nervosa que causa os espasmos é enfraquecida e temporariamente anestesiada, mas doses mais elevadas também podem causar o problema. O visco também tem sido utilizado para controlar hemorragias internas, tratar a tensão arterial elevada e tratar o cancro do estômago, dos pulmões e dos ovários. A nível externo, a planta tem sido utilizada para tratar artrite, reumatismo, frieiras, úlceras nas pernas e varizes. Um remédio homeopático é feito com partes iguais das bagas e das folhas. A preparação é difícil devido à viscosidade do sumo.

121- *Xanthium spinosum* L .
Asteraceae

A planta inteira é um estíptico ativo que é utilizado tanto localmente como em geral. Diz-se que é uma planta específica valiosa e segura para o tratamento da hidrofobia. A planta é também diaforética, diurética e sedativa. Uma infusão da raiz tem sido utilizada como emético.

122- *Ziziphora clinopodioides* Lam.
Lamiaceae

A hortelã azul é utilizada como sedativo, antiespasmódico, recomendado para o estômago e o coração e como expetorante. No Irão, é utilizada como sedativo, para dores de estômago e como carminativo.

Segundo a tradição dos nossos antepassados, as partes aéreas secas desta planta são utilizadas na culinária e para curar constipações e tosse. É também utilizada como aditivo no iogurte e noutros produtos lácteos, conferindo sabor aos pratos. As sementes desta planta são utilizadas como remédio para a febre. Os habitantes locais utilizam as folhas desta planta como expetorante, carminativo e para doenças infecciosas. As folhas, as flores e os caules desta planta são sobretudo utilizados como planta silvestre ou como aditivo, especiaria ou aromatizante de alimentos.

123- *Zygophyllum fabago* L.
Zygophyllaceae

Os habitantes locais utilizam esta planta como remédio para os olhos para tratar inflamações oculares graves e cataratas. As sementes são anti-helmínticas.

Discussão

As plantas medicinais são um aspeto importante das pastagens de Maneh-Semelghan. São importantes porque proporcionam cuidados de saúde acessíveis à população local. Com a introdução de novos métodos de saúde em muitas comunidades indígenas, os medicamentos não indígenas estão a tomar o lugar da medicina tradicional. O conhecimento das plantas medicinais tem-se revelado mais suscetível à aculturação do que outras categorias de conhecimentos sobre plantas.

Algumas das espécies desta zona parecem ser "naturalmente raras". O declínio documentado das populações nos últimos tempos é em grande parte atribuído às actividades humanas, que aumentam o risco de extinção devido à menor dimensão da população. Por exemplo, a construção de uma estrada pública alterou muito o tamanho da população. Outros factores biológicos, como a longevidade das plantas e o facto de os herbívoros não serem destruídos de forma significativa, não parecem pôr em risco a sobrevivência da espécie a curto prazo. Com base nos resultados da percentagem de corótipos de plantas medicinais na área estudada, parece que a proporção de espécimes endémicos é relativamente elevada para todas as espécies.

Os hemicriptófitos e os terófitos foram as formas de vida mais abundantes nas zonas de pastagem de Maneh-Semelghan. Vários outros estudos efectuados na província de Khorasan Razavi referiram igualmente uma maior abundância de formas de vida terófitas e hemicriptófitas. Amiri *et al.* (2008) estudaram a flora de Tiregan nas montanhas Hezar Masjed. Memariani *et al.* (2009) também estudaram a flora de Fereizi em Chenaran, e ambos encontraram uma maior abundância de hemicriptófitos em comparação com outras formas de vida.

Em Fereizi, em Khorasan Razavi, as terófitas e hemicriptófitas eram as formas de vida mais abundantes (Memariani *et al.*, 2009); no Parque Nacional de Khabr e na Reserva de Vida Selvagem de Rouchoun (Irannezhad Parizi *et al*, 2001) e em Meimand (Vakili Shahrbabaki *et al.*, 2001), ambos em Kerman, e nas terras altas de Kalat de Gonabad em Khorasan Razavi (Vaseghi *et al.*, 2008), as hemicriptófitas foram as formas de vida vegetal mais abundantes.

Os resultados de Malek Mohammadi e Mirzavash Azar (2012) no Vale de Ghasemloo, Azerbaijão Ocidental, Irão, mostram que as hemicriptófitas representam 31,54% das principais formas biológicas da região, enquanto as terófitas, as fanerófitas, as criptófitas e as chamaéfitas representam 22,15%, 22,82%, 10,74% e 12,75%, respetivamente. A proporção de 23% de fanerófitos nesta região confere-lhe um aspeto florestal. As hemicriptófitas são a cobertura vegetal predominante da região e protegem muito bem o solo da região.

A forma de vida das espécies de plantas medicinais foi determinada por Toupchi (2011) nas pastagens de Arshadchamani do Azarbaijão Oriental. Irão. Os resultados da investigação mostraram que a forma de vida das plantas medicinais incluía 57,89 % de hemicriptófitos, 28,42 % de terófitos, 7,36 % de caméfitos e 5,26 % de geófitos.

A maior abundância de terófitos e hemicriptófitos na região de Maneh-Semelghan pode ser atribuída à sua elevada adaptação às condições climáticas mediterrânicas (Zohary 1973). Os períodos de crescimento ativo destas formas de vida coincidem com a estação das chuvas no final do inverno e início da primavera (Tavili *et al.*, 2009). Durante a maior parte do verão e todo o inverno, as hemicriptófitas perdem as suas partes aéreas, enquanto as terófitas permanecem como sementes. Por conseguinte, estas plantas evitam a seca no verão e o stress do frio no inverno (Barbour *et al.*,

1987). Akbarlou e Nodehi (2015) estudaram a distribuição das comunidades vegetais em relação a factores ambientais na região protegida de Ghorkhud, província de Khorasan do Norte, Irão. Neste estudo, os factores mais importantes que afectaram a distribuição da cobertura vegetal foram a MO, o N, o pH, a areia, a altitude, o declive e a CE.

Moghaddam (2006) mostrou que factores ambientais como a altitude, a precipitação e a temperatura desempenham um papel importante na distribuição da vegetação. Outro fator que contribui para o estabelecimento de comunidades vegetais é o fator geográfico; a disponibilidade de água, a temperatura do solo e a quantidade de luz recebida pela planta, bem como as diferenças na intensidade da luz em diferentes direcções, são influenciadas pelas mudanças de declive (Asri, 2000).

O estudo das formas de vida na região de Behbahan, no Irão, revelou que os grupos mais importantes eram os terófitos. Neste estudo, os terófitos representaram 78%, os geófitos 7,2%, os fanerófitos 7,1%, os hemicriptófitos 4,9% e os chamaéfitos 2,4% das formas de vida. Em termos de distribuição geográfica, os tipos de coro como o Irano-Turaniano, Polirregional, Cosmopolita, Mediterrânico, Europeu-Siberiano e Sudaniano tiveram os valores mais altos e mais baixos entre os elementos vegetativos com uma proporção de 19,5 %, 6 %, 4,9 %, 2,4 %, 1,2 % e 1,2 %, respetivamente (Basiri, *et al.* 2011).

O estudo das formas de vida na área de Sarshiv de Marivan, no Irão, revelou que havia várias plantas em diferentes formas de vida. Entre elas, as terófitas (35%) e as chamaéfitas (3%) tinham o maior e o menor número de espécies de plantas, respetivamente. A revisão da distribuição geográfica das plantas na região revelou que as espécies pertenciam a diferentes corótipos e que o iraniano-turaniano (50 %) e o europeu-siberiano (1 %) tinham o maior e o menor número de espécies de plantas na região, respetivamente (Hassani, *et al.* 2014).

As formas de vida estão intimamente relacionadas com os factores ambientais (Muller-Dombois e Ellenberg, 1974). Segundo Archibold (1996), a abundância de hemicriptófitas numa região é uma expressão do clima frio e montanhoso. É de notar que o clima regional é frio e húmido e que as hemicriptófitas foram influenciadas pelo clima e são abundantes.

Rahimi e Atri (2013) referiram, num estudo sobre a flora do Refúgio de Vida Selvagem de Miandasht, na província setentrional de Khorasan, no

Irão, que a maioria das espécies identificadas era irano-turaniana. Basiri *et al.* (2011) também mencionaram que um grande número de espécies de plantas na floresta do rio Behbahan, no Irão, pertencia às regiões irano-turanianas e que as áreas comuns da erupção irano-turaniana e mediterrânica eram os grupos ecológicos mais importantes.

Num estudo realizado nas zonas setentrionais de Khorasan, 11,6 % (29 de um total de 256) das espécies vegetais eram endémicas (Rahimi e Atri, 2013). Os recursos vegetais constituem um valioso património genético que deve ser protegido. Mesmo que não sejam utilizados atualmente, poderão vir a ser necessários num futuro próximo.

Referências

1. Akbarlou, M., Nodehi, N., 2015, Relação entre alguns factores ambientais e a distribuição de plantas medicinais na região protegida de Ghorkhud, província de Khorasan do Norte, Irão, *Journal of Rangeland Science*, 2016, Vol. 6, No. 1.
2. Akhani, H., 2005. A flora ilustrada do Parque Nacional de Goleston, Irão, Tehran Univ. Press, V0l. 1, 481pp.
3. Akhani H. 2003. notes on the flora of Iran: 4. two new records and summary of new data on Iranian Cruciferae since Flora Iranica. Candollea 58: 369-385.
4. Akhani, H., 1998: Biodiversidade de plantas no Parque Nacional de Golestan. Stapfia, Irão, 411 páginas.
5. Amiri, M.S., Zokaii, M., Ejtehadi, H., Mozaffarian, V., 2008. Investigação da florística, forma de vida e corologia das plantas na bacia hidrográfica de Tiregan, Khorasan
6. Archibold, O.W., 1996. ecologia da vegetação mundial. 1ª ed., Chapman and Hall. Londres, 510 páginas.
7. Anónimo, 2010, Maneh-Semelghan County Development Document, Governador do Khorasan do Norte, Gabinete de Gestão e Orçamento.
8. Asri, U., 2000. Um estudo ecológico de comunidades vegetais em terras secas - estudo de caso: Reserva da Biosfera de Touran, Província de Semnan, Irão. Tese de doutoramento. Tese, R. & S. unit of Islamic Azad Univ., 302 pp.
9. Assadi, M., Maassoumi, A.A., Khatamsaz, M., Mozaffarian, V., (eds.), 1988-2011, Flora of Iran, Vols. 1-66, Instituto de Investigação das Florestas e das Pastagens, Teerão.
10. Aydani, M., 2004: Estudo florístico da área de Ghoroghe-Darkesh no noroeste da província de Khorasan. Tese de mestrado, Unidade de Investigação e Desenvolvimento da Universidade Islâmica Azad, 232 páginas.
11. [nd]Barbour, M.G., Burk, J.H., Pitts, W.D., 1987.Terrestrial Plant Ecology., 2 Edition, The Benjamin/Cummings publishing Company, California, USA.
12. Basiri, R., Taleshi, H., Poorrezaee, J., Hassani, M., e Rashid Gharehghani, R., 2011. Flora, forma de vida e corótipos de plantas na floresta fluvial de Behbahan, Irão, Middle-East Journal of Scientific Research 9 (2): 246-252.
13. Boissier, P. E. 1867-1888. Flora Orientalis, Vols: 1-5. genevae et basileae Cumming, J., Reid, N. 2008. management of plantations at the standard level to improve biodiversity. Biodiversity and Conservation. 17(5): 1187-1211.
14. Ghahreman A. 1975-2000: As espécies extirpadas da vegetação nativa do Irão. Comunicação apresentada nas Actas do Primeiro seminário sobre os problemas da vegetação natural do Irão, Anexo aos estudos ambientais, n.º 3, Teerão, Irão.
15. Ghahreman, A. 1994, Iran chromophytes (systematic plant), Volume 4, Tehran University Publication Centre, Tehran.
16. Ghahraman, A., Attar, F., 1998. Biodiversidade de espécies vegetais no Irão. Imprensa da Universidade de Teerão. Teerão, Irão, 1212 páginas.
17. Ghahreman, A., Heydari, J., Attar, F. e Hamzehee, B., 2006, A floristic study of

the southwestern slopes of Binaloud elevations (Iran: Khorasan province). Jornal de Ciências 13(1): 1-12.

18. Hassani, M., Yazdanshenas, H., Nazarpoor, K., Bassiri, R., PurRezaee, J., 2014, Estudo da fisionomia e origem das espécies vegetais na área de Sarshiv de Marivan, Irão, *Journal of Rangeland Science*, 2014, Vol. 4, No. 4.

19. Irannezhad Parizi, M. H., Sanei Shariat Panahi, M., Zobeiri, M., Marvi Mohajer, M.R., 2001. Investigação da florística e fitogeografia no Parque Nacional de Khabr e no Santuário de Vida Selvagem de Rouchoun. *Iran Jour of Natural Resources*. 54(2): 111-128 (em persa).

20. Jalili, A. and Jamzad, F., 1999, Red data book of Iran, a preliminary survey of endemic, rare & endangered plant species in Iran. Instituto de Investigação de Florestas e Pastagens, Publicação NU.

21. Jankju, M., Mellati, F., Atashgahi, Z., 2011, Flora, Life Form and Chorology of Winter and Rural Range Plants in the Northern Khorasan Province, Iran, *Journal of Rangeland Science,* 2011, Vol. 1, No. 4.

22. Jankju, M., Mellati, F., Bozorgmehr, A., 2009. Introdução e estudo de plantas importantes na província de Khorasan do Norte. Faculdade de Recursos Naturais e Ambiente, Universidade Ferdowsi de Mashhad, Mashhad, Irão, 235 pp.

23. Malek Mohammadi, I., Mirzavash Azar, S., 2012, Recolha, Identificação, Utilização Medicinal e Domesticação de Algumas Plantas Silvestres Comestíveis no Vale de Ghasemloo, Azerbaijão Ocidental, Irão. Journal of Rangeland Science, 2012, Vol. 2, No. 2.

24. Memariani F., Joharchi, M.R., Ejtehadi, H., Emadzade, Kh., 2009. Contribuições para a flora e a vegetação das Montanhas Binalood, Nordeste do Irão: estudos florísticos e corológicos na região de Fereizi. FUIJBS, 1(1): 1-17.

25. Memariani, F., Joharchi, M. R., 2007. taxonomia e fitogeografia do género Bromus L. (Poaceae) na Flora de Khorasan, Livro de resumos da 1ª conferência nacional de taxonomia vegetal do Irão. R.I.F.R., P: 32.

26. Mirheidar, H. 1996-1998. cultura de plantas, vol. 1-7. publicação: gabinete da cultura islâmica. 3869 páginas.

27. Mobayen, S. 1998-1999. flora of Iran. Imprensa da Universidade de Teerão. (1-2), 950 páginas.

28. Moghaddam, M., 2006. Ecologia de plantas terrestres. Imprensa da Universidade de Teerão, 701 p.

29. Mozaffarian, V. 2013, Identification of Medicinal and Aromatic Plants of Iran (Identificação de plantas medicinais e aromáticas do Irão),

30. Mozaffarian, V. 2004. Sistemática de plantas. Vol. 1-2. Publicações Amir Kabir, Teerão.

31. Mozaffarian, V. (1994). Taxonomia vegetal (morfologia-taxonomia). Publicação Amir Kabir. (1-2): 1002 pp.

32. Muller-Dombois D, Ellenberg H. 1974: Aims and Methods of vegetation Ecology, John wiley & Sons, new York.

33. Parsa, A. (1986). Flora de L' Iran. Ministério da Cultura e do Ensino Superior da República Islâmica, Editora. Impressão em offset. 2: 516 páginas.

34. Rahimi, A., Atri, M., 2013. Investigação da flora do Refúgio de Vida Selvagem de Miandasht na província setentrional de Khorasan, Irão. Jour. Ecology and the Natural Environment, 5(9): 241-253.

35. Raunkiaer, C. 1934, The life forms of plants and statistical plant geography, Oxford. Clarendon Press. Londres.

36. Rechinger K. H., (eds.), 1967-2010, Flora Iranica, No. 1-178. Graz: Akademische Druck-und Verlasanstalt (1-174), Viena: Naturhistorisches Museum (175-178). Ciências, 10: 17231727.

37. Sadeghalnejat, T. 2007. Revision of the family of Cupressaceae in Khorasan province, Abstract book of 1st National Plant Taxonomy Conference of Iran, R.I.F.R., p: 10.

38. Shaad, Q.A., e Sanjari, G. 2001. plant communities in Ashkhaneh area, R.I.F.R. Press, 72 pp, Teerão, Irão.

39. Sobhani, A., Rajamand, M. 2007. floristic study of plant species of Compositae family and investigation of life form, chorotype in Atrak river watershed in North Khorasan, Abstract book of 1st national plant taxonomy conference of Iran. R.I.F.R., P: 38.

40. Sobhani, A., Rajamand, M., Naddaf, M. 2007, A Floristic investigation of Shirin Darreh Dam watershed area, NW Bojnourd, North Khorasan province, Abstract book of 1st national plant taxonomy conference of Iran, R.I.F.R. Publication, p: 28.

41. Tavili, A., Rostampour, M., Zare Chahouki, M.A., Farzadmehr, J., 2009. Aplicação da CCA para a avaliação das relações vegetação-ambiente em ambientes áridos (pastagens do sul de Khorasan, Irão), Desert. 14(1): 101-111.

42. Toupchi, Zh, 2011, Identificação de Plantas Medicinais em Arshadchamani Rangelands de East Azarbaijan, *Journal of Rangeland Science*, 2011, Vol. 1, No. 2.

43. Vakili Shahrbabaki, S.M.A., Atri, M., Assadi, M. 2001. introdução à flora, forma de vida e distribuição geográfica das plantas na região de Meimand de Shahrbabak (Kerman), Pajouhesh & Sazandegi. 52: 75-81.

44. Vaseghi, P., Ejtehadi, H., Zokaii, M., 2008. estudo florístico, forma de vida e corologia de plantas nas terras altas de Kalat de Gonabad, província de Khorasan, Irão, Tarbiat Moallem *Jour. of Sci.*, 8(1): 75-88.

45. Zargari, A. 1990. plantas medicinais. Vol. 1 - 5. Publicação da Universidade de Teerão. 3790 páginas.Zohary, M., 1973. Geobotanical Foundations of the Middle East. Vol. 1-2. Gustav Fischer Verlag. Traduzido por Madjnounian, H., Madjnounian, B., (2005). NICALA Verlag, 500 páginas.

Índice

Printed by Books on Demand GmbH, Norderstedt / Germany